图解菌物学实验

王 琦 等 编著

科学出版社

北京

内 容 简 介

本书共分七章，内容紧扣菌物研究与产业应用的主线，从野生菌物资源采集驯化、菌种选育创制、现代化栽培管理、发酵工艺、化学分析、分子生物学实验操作及菌物产品精深加工，构建了完整的实验技能体系。针对实验操作中难以用文字精确描述的细节、手法和关键步骤，拍摄、绘制了连续、清晰、重点突出的图解示范，力求使读者掌握直观操作要领，降低学习门槛，提升实验成功率。

本书可为高等院校菌物学、微生物学、生物技术、食品科学、农学等相关专业学生提供实验参考书，也可供食用菌工厂、育种企业、食品加工企业的技术人员参考使用。

图书在版编目（CIP）数据

图解菌物学实验 / 王琦等编著. -- 北京 ： 科学出版社，2025.6.
ISBN 978-7-03-081671-9

Ⅰ．Q949.3-33

中国国家版本馆 CIP 数据核字第 20251LG932 号

责任编辑：韩学哲 付丽娜/责任校对：严 娜
责任印制：赵 博/封面设计：无极书装

科 学 出 版 社 出版
北京东黄城根北街 16 号
邮政编码：100717
http://www.sciencep.com

北京中科印刷有限公司印刷
科学出版社发行 各地新华书店经销
*
2025 年 6 月第 一 版 开本：720×1000 1/16
2025 年 9 月第二次印刷 印张：20 1/4
字数：400 000

定价：180.00 元
（如有印装质量问题，我社负责调换）

《图解菌物学实验》编写人员名单

第一章：王琦　　张波

第二章：付永平

第三章：李晓　　李长田

第四章：刘洋

第五章：苏玲　　李姝

第六章：亓宝　　孙月

第七章：王大为　　刘婷婷

前　　言

菌物学作为一门关乎菌物资源（食药用菌）开发与应用的学科，对推动农业、生物医药、食品工业等多领域发展具有举足轻重的作用。食用菌产业在保障人们膳食营养均衡、助力乡村振兴及优化农业产业结构等方面，愈发彰显出其不可替代的战略地位。在此背景下，我们精心编写了《图解菌物学实验》这部实用性强、内容全面且紧贴学科与产业发展脉搏的实验指导书籍，本书共分为 7 章，每一章节均由该研究领域的专家学者所撰写。内容编排紧扣菌物研究与产业应用的主线，从野生菌物资源采集驯化、菌种选育创制、现代化栽培管理、发酵工艺、化学分析、分子生物学实验操作直至产品精深加工，构建了完整的实验技能体系。针对实验操作中难以用文字精确描述的细节、手法和关键步骤，我们投入大量精力，拍摄、绘制了连续、清晰、重点突出的图解示范，力求使读者直观掌握操作要领，显著降低学习门槛，提升实验成功率，也希望本书在这些重要的研究中作为参考书发挥持久的作用。

聚焦当下菌物学科发展趋势，菌物资源的挖掘与保护正成为全球瞩目的焦点，野生菌物资源蕴含着丰富的遗传多样性，为创制优异的种质资源、培育优良的食药用菌新品种提供了天然宝库。本书第一章着重于野生菌物资源的采集与驯化实验介绍，旨在引导相关科研人员与产业从业者深入自然，运用科学规范的实验手段，将野生菌物纳入人工培育体系，为后续应用筑牢根基。

在食用菌育种领域，从野生驯化筛选优势菌株，到借助杂交育种实现优良基因重组，再到诱变育种拓宽遗传变异范围，以及原生质体制备及融合等前沿技术攻克远缘杂交难题，育种模式日新月异。本书第二章详细阐述各类育种实验流程与要点，助力读者紧跟技术前沿，培育契合市场需求、高产优质、抗逆性强的食用菌新品种，以适应不同消费场景以及应对复杂多变的自然与生产条件。

菌物栽培作为产业核心环节，正朝着精准化、规模化、智能化方向迈进。从基础的 PDA 斜面培养基、平板培养基制作，到无菌环境营造、各类组织分离技术，再到不同形式菌种培育以及现代化生产流水线运作，第三章与第四章涵盖栽培全流程实验操作。这不仅能满足传统栽培模式优化需求，更为食用菌工厂化、周年化生产提供了扎实的实验支撑，推动产业从粗放式经营向精细化管理转型，提升整体生产效率与产品质量稳定性。

菌物化学研究热度持续攀升，随着分离纯化、结构分析技术不断突破，菌物中多糖、萜类、蛋白质等生物活性成分的潜在价值被深度挖掘。第五章聚焦菌物化学实验，深入剖析提取、分离纯化与结构分析各环节，为开发菌物药、功能性食品、生物肥料等高附加值产品铺就道路，拓宽菌物产业延伸边界，促进产业多元化发展。

菌物分子生物学蓬勃发展，为菌物学基础研究与应用开发注入强劲动力。核酸提取检测、聚合酶链反应、基因克隆等技术广泛应用于菌物遗传多样性评估、基因功能解析以及分子标记辅助育种等领域。第六章系统梳理分子生物学实验关键步骤，为深入探究菌物生命奥秘、实现精准遗传改良提供了有力工具，引领菌物学科迈向分子层面深入研究新阶段。

菌物产品加工呈多元化、高端化态势，从基础食品加工到生物制药、化妆品开发，食用菌附加值不断攀升。第七章收录木耳面包、香菇饼干等创新食品加工实验案例，激发产业从业者创意灵感，推动菌物加工产品从初级形态向高品质、深加工方向跨越，契合消费者对营养健康、美味便捷食品以及特色生物制品的追求。

本书力求满足多层次需求，既是高等院校菌物学、微生物学、生物技术、食品科学、农学等相关专业学生理想的实验教材和参考书，也是科研院所研究人员开展基础与应用研究的实用手册，同时可为食用菌工厂、育种企业、食品加工企业的技术人员提供翔实的技术指导，亦可为菌物爱好者开启科学实践之门。我们期望本书能成为菌物学科与食用菌产业协同发展的坚实桥梁，吸引各方力量投身菌物领域，共同书写菌物学研究与产业繁荣的新篇章。书中难免存在不足之处，恳请专家、同行和广大读者不吝指正，以期共同促进我国菌物学科研与产业的繁荣发展。

编著者

2025 年 5 月

目　　录

第一章　野生菌物资源采集实验

目前，全球已知的菌物种类约 15.6 万种，分属于 274 目 1086 科 12 778 属；子囊菌门（Ascomycota）种类约占 64%，约 9.9 万种，其中大部分为科属不明确的半知菌（Deuteromycetes）种类，此外也包括了我们所熟知的类群如块菌（truffle）、地衣（lichen）和酵母菌（yeast）等。所谓的子囊菌最基本的形态特征就是具有子囊（ascus，复数 asci），即一种囊状细胞，里面含有在核融合与减数分裂后形成的子囊孢子（ascospore）。担子菌门（Basidiomycota）种类约占 34%，约 5.3 万种，其中包括我们熟知的物种，如伞菌（agaric）、牛肝菌（bolete）、胶质菌（jelly fungus）、多孔菌（polyporoid fungus）、鸡油菌（cantharelloid fungus）、珊瑚菌（coral fungus）和植物病原真菌（pathogenic fungus of plant）等。所谓的担子菌最基本的特征是具有特化的称为担子的产孢结构，外生担子上的减数分裂有性孢子称为担孢子（basidiospore）。

Howksworth 于 1991 年按照植物：菌物数量为 1∶6 的比例计算，估计全世界菌物有 150 万种，Blackwell 于 2011 年基于高通量测序和菌物多样性关系确定菌物有 510 万种，而目前获得描述的已知物种仅有 15.6 万种。所以菌物资源的调查工作已明显滞后，规模化的调查研究与资源利用工作亟待开展。

第一节　野生菌物样本的采集与整理

1. 采集工具

刀如图 1-1 所示，相机和 GPS 导航仪如图 1-2 所示，采集盒如图 1-3 所示，采集袋、贴纸、格尺、铅笔、橡皮，采集记录纸如图 1-4 所示，易碎标本（黏菌）采集盒如图 1-5 所示，烤箱如图 1-6 所示。

图 1-1　刀

（1）　　　　　　　　　　　　　　　　　　（2）

图 1-2　相机和 GPS 导航仪

图 1-3　采集盒

标本采集记录

菌 名	中文名		采集日期：		
	学名		照片编号：		
			菌株号：		
	俗名		采集人：		
			定名人：		
采集地	省（区） 县		海拔：	m	
			经度：	纬度：	
生境	针叶林 阔叶林 混交林 灌丛 草地 草原 阳坡 阴坡		基物：树干 腐木 枯立木地上 粪上 枯叶 菇体 虫体		
生态	单生 散生 群生 丛生 簇生 迭生				
菌盖	边缘颜色 中央颜色		粘 不粘		
	形状：钟形 斗笠 半球形 平展 漏斗形 边缘上翘		边缘有条纹 边缘无条纹		
	直径： cm 角鳞 块鳞 丛毛鳞 纤毛 疣 粉末 丝光 蜡质 龟裂		水浸状 非水浸状		
菌肉	颜色： 气： 味：		汁液变色：		
菌褶	颜色： 伤变色： 密度：稀 中 密		离生 弯生 直生 延生 附生 凹陷		
	等长 不等长 分叉 网状 横脉 宽： mm				
菌管	管口： mm		圆形 多角形		
	管面颜色： 管里颜色： 伤变色： 汁液变色：				
菌环	位置：上 中 下 颜色：		条纹： 单层 双层		
	膜质 肉质 丝膜状		脱落 不脱落 活动 不活动		
菌柄	长： cm 粗： cm		颜色：		
	实心 空心 肉质 脆骨质 纤维质 鳞片 腺点 纤毛		基部：绒毛 假根 稍膨大 明显膨大		
菌托	大型 小型 杯状 浅杯状 苞状		消失 不易消失		
孢子印	白色 粉红色 锈色 褐色 青褐色 紫褐色 黑色				
附 记					

图 1-4 采集记录纸

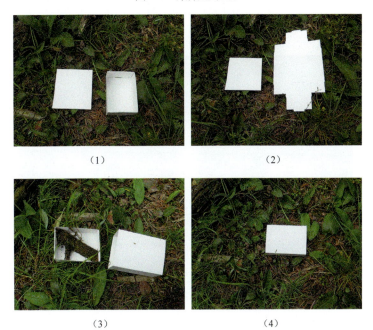

（1） （2）

（3） （4）

图 1-5 易碎标本（黏菌）采集盒

图 1-6　烤箱

2. 野外采集标本的整理

将采集的标本进行分类，如图 1-7 所示，对标本进行详细的记录，如图 1-8 所示。

图 1-7　标本分类

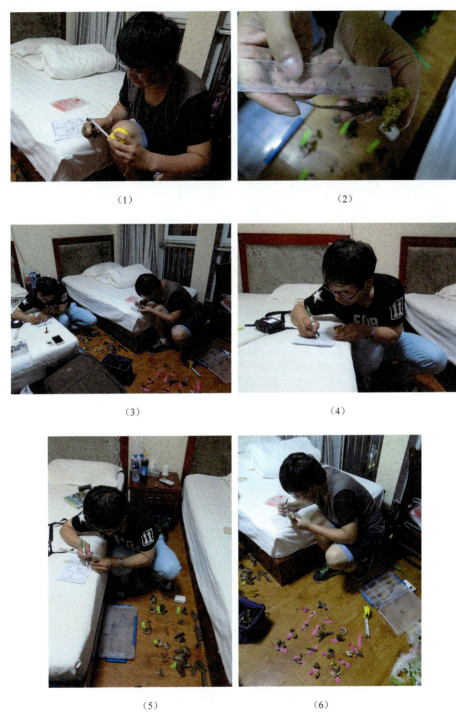

（1）　　　　　　　　　　　　（2）

（3）　　　　　　　　　　　　（4）

（5）　　　　　　　　　　　　（6）

图 1-8　标本记录

第二节　野生菌种的分离

1. 分离工具

分离工具如图 1-9 所示。

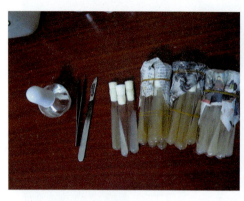 

　　　　　（1）　　　　　　　　　　　　　　　　　（2）

图 1-9　分离工具

2. 分离方法

将手和桌面用浸润 75%乙醇的纱布消毒，如图 1-10 所示，分离工具如镊子和

图 1-10　手和桌面的消毒

解剖刀在酒精灯外焰上烧红后冷却到常温，如图 1-11 所示，将新鲜的蘑菇子实体用手掰开，如图 1-12 所示，用灭菌的镊子挑取掰开的子实体菌肉的中间部分，迅速地放到制好马铃薯葡萄糖琼脂培养基（PDA 培养基）的试管里，将试管盖好盖子避光保存，如图 1-13、图 1-14 所示。

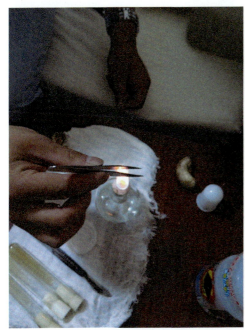 

（1）　　　　　　　　　　（2）

图 1-11　镊子和解剖刀使用前的准备

图 1-12　用手掰开标本

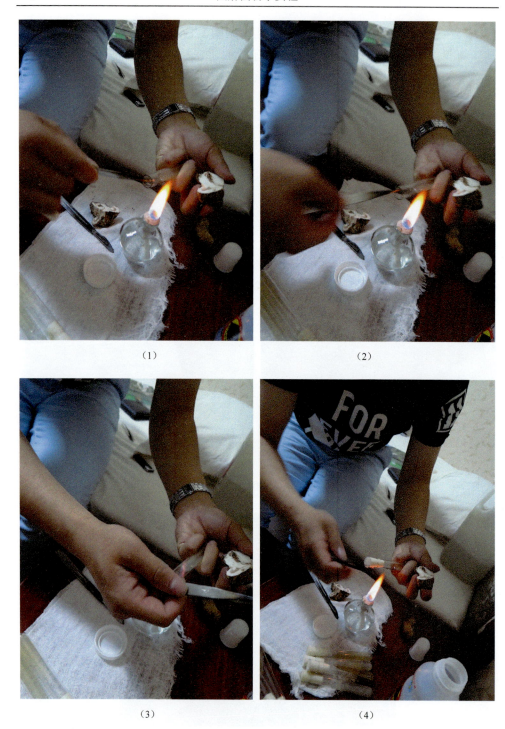

（1）　　　　　　　　　　　　（2）

（3）　　　　　　　　　　　　（4）

图 1-13　菌种采集及培养

图 1-14 菌种试管保存

第三节 菌物活体组织制作

1. 制作材料

准备好硅胶、自封袋和干净的面巾纸，如图 1-15 所示。

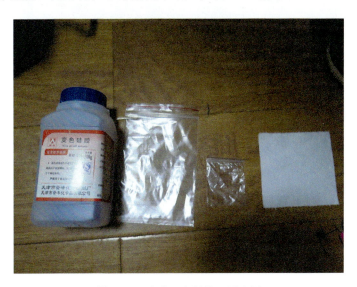

图 1-15 硅胶、自封袋、面巾纸

2. 活体组织制作方法

用灭菌的镊子取干净 的子实体小块，放在干净的面巾纸中央，如图 1-16 所示，包裹好后如图 1-17 所 示，放入自封袋，如图 1-18 所示，倒入硅胶，如图 1-19 所示。

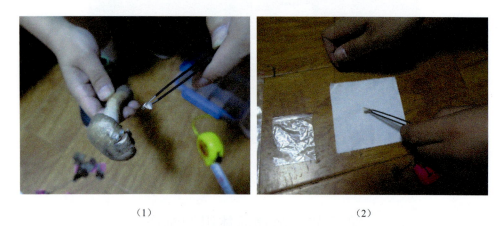

（1）　　　　　　　　　　　　　　　　（2）

图 1-16　标本处理

图 1-17　包裹标本

（1）　　　　　　　　　　　　　　（2）

图 1-18　标本放入自封袋

（1）　　　　　　　　　　　　　　（2）

（3）　　　　　　　　　　　　　　（4）

图 1-19　向自封袋中倒入硅胶

第四节　菌物资源的保存

1. 标本保存

将野外采集烘干后的标本放入标本盒中，贴上标签（图 1-20 ），放入标本馆（图 1-21）中保存。

标本馆中文名称

代码缩写

拉丁名：

汉语名：

寄主（基物）：

采集地点：

采集时间：

采集人：

定名人：

图 1-20 菌物标本标签

图 1-21 菌物标本馆

2. 菌种保存

将菌种放入培养箱中培养（图 1-22），经鉴定后可放入 4℃菌种库中进行短期保存（图 1-23），为后续实验提供材料。

图 1-22　人工气候培养箱

图 1-23　菌种的短期保藏

第五节　菌物标本的形态学鉴定

1. 工具有载玻片、盖玻片、刀片、镊子、滤纸等，试剂为 5%KOH 溶液、1% 刚果红溶液、Melzer 试剂（梅氏试剂）。

2. 孢子和囊状体观察：用镊子在子实体上取下一小块菌褶，如图 1-24 所示，将菌褶用刀片切下一小条，如图 1-25 所示，在干净的载玻片上滴上一小滴 5%KOH 溶液，如图 1-26 所示，将切好的一小条菌褶放入 KOH 液滴内，如图 1-27 所示，盖上盖玻片，如图 1-28 所示。将制好的载玻片（图 1-29）放在生物显微镜下观察，如图 1-30 所示，先用低倍镜观察，之后用高倍镜观察孢子及囊状体的微观形态特征，如图 1-31 所示。

图 1-24　用镊子在子实体上取下一小块菌褶

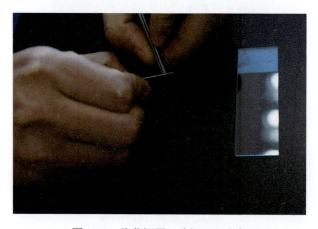

图 1-25　将菌褶用刀片切下一小条

图 1-26　在干净的载玻片上滴上一小滴 5%KOH 溶液

图 1-27　将切好的菌褶放入 KOH 液滴内

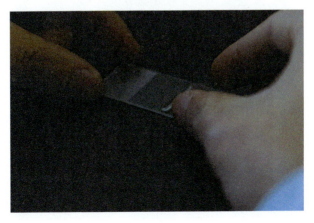

图 1-28　盖上盖玻片

图 1-29　将载玻片放置在生物显微镜上

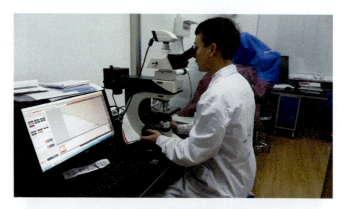

图 1-30　在生物显微镜下观察载玻片

图 1-31　孢子及囊状体的微观形态特征

第二章 食用菌育种实验

第一节 野 生 驯 化

在自然界中，各种自然条件对生物体都有一种适者生存、去劣留良的选择作用，人工有选择地挑选符合人类需要的个体，淘汰那些不符合人类需要的个体，就可形成符合人类需要的新的生物类型。本实验以白灵菇 *Pleurotus nebrodensis* (Inzenga) Quél.为例。

1. 主要试剂及耗材

（1）PDA 试管培养基：马铃薯 200g，葡萄糖 20g，琼脂 15g，蒸馏水 1000mL，121℃灭菌 20min。

（2）PDA 加富培养基：马铃薯 200g，麦麸 50g，葡萄糖 20g，蛋白胨 2g，硫酸镁（$MgSO_4$）1g，磷酸二氢钾（KH_2PO_4）1.5g，琼脂 15g，蒸馏水 1000mL，121℃灭菌 20min。

（3）PDA 液体培养基：马铃薯 200g，葡萄糖 20g，蒸馏水 1000mL，121℃灭菌 20min。

（4）栽培料：玉米芯 25%，木屑 35%，麦麸 24%，玉米粉 10%，豆粕 4.5%，石灰 0.5%，轻质碳酸钙 1%，高压灭菌。

（5）镊子、试管、90cm 平板、1000mL 三角瓶、接种铲，高压灭菌后备用。

（6）酒精灯。

2. 仪器设备

摇床、超净工作台、培养箱、温湿可控培养室。

3. 操作步骤

（1）野外采集标本，如图 2-1 所示。

应根据各种食用蕈菌的特点及选育目的，确定适宜的采种目标。

图 2-1　野外采集标本

（2）纯种分离。采集的野生蕈菌应尽快在干净环境下采用单孢分离、基内菌丝分离等方式取得纯种。

（3）生长性能测试，如图 2-2 所示。

23～25℃培养 7 天左右，观察菌丝生长速度、生长势等。

图 2-2　生长性能测试

（4）品种性能测定，在平板上进行拮抗反应，淘汰重复菌株，如图 2-3 所示。

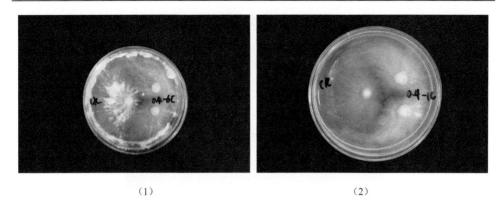

（1） （2）

图 2-3 重复菌株淘汰试验

（5）菌丝生长速度测定，将复壮好的菌株接种 PDA 综合培养基上，每天记录菌丝的生长位置并划线，如图 2-4 所示。然后根据生长的距离及生长的时间计算菌丝生长速度。

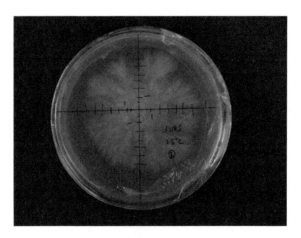

图 2-4 菌株菌丝生长速度测试

（6）测定菌丝生长三基点（最高、最低、最适）温度，确定其生长温度范围。

（7）固体培养基配方筛选：最佳碳氮源、微量元素筛选。

（8）菌种复壮，如图 2-5 所示。

选取菌丝生长整齐、旺盛的菌种，挑取菌丝尖端转接到加富培养基上活化菌种，23～25℃培养。

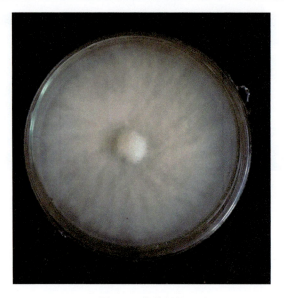

图 2-5　菌种复壮

（9）二级种制备，如图 2-6 所示。

将菌丝接种到液体培养液中，23～25℃振荡培养 10 天左右，得到均一的液体二级种。

图 2-6　二级种制备

（10）出菇栽培料配方及含水量筛选。

（11）培养出菇，如图 2-7 所示。

将液体菌种破碎后接种于栽培瓶或袋中，移至温湿可控培养室，调节适宜培养条件栽培出菇。

（1）　　　　　　　　　（2）

图 2-7　培养出菇

（12）扩大培养，如图 2-8 所示。

出菇后，根据高产优质等育种目标筛选符合要求的菌种，进一步扩大培养，连续培养 5～7 代使其性状稳定。

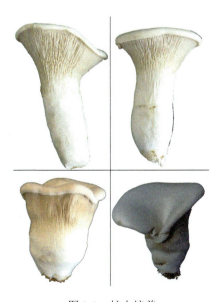

图 2-8　扩大培养

第二节　杂交育种

杂交是一种遗传物质在细胞水平上的重组过程，可以为优良性状的选择提供丰富的材料，是食用菌新品种选育中使用广泛的育种手段。食用菌杂交育种分为单单杂交、双单杂交和多孢杂交等方式，其一般步骤为：亲本选择，单孢分离，杂交配对，转管繁殖，初筛，复筛，试验、示范及推广。本实验以白灵菇 *Pleurotus nebrodensis* 单单杂交育种为例。

1. 主要试剂及耗材

（1）1%水琼脂培养基：称取 10g 甘露醇，用蒸馏水定容至 1000mL，121℃灭菌 20min，每个平板加入约 10mL 培养基。

（2）PDA 培养基：见本章第一节。

（3）无菌水：分别制作含 10mL（1 支）和 9mL（数目不固定，需根据孢子浓度调整）蒸馏水的试管，121℃灭菌 20min 备用。

（4）涂布器、接种环、挑针、1mL 枪头、10μL 枪头，高压灭菌后备用。

（5）酒精灯、血球计数板。

2. 仪器设备

超净工作台、恒温培养箱、光学显微镜、荧光显微镜。

3. 操作步骤

（1）收集孢子，如图 2-9 所示。

（1）　　　　　　　　　　　（2）

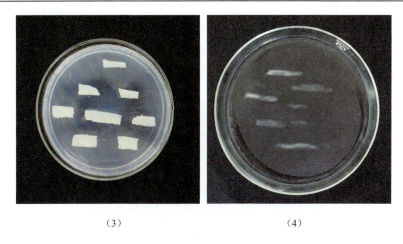

（3）　　　　　　　　　　　　　　（4）

图 2-9　收集孢子

将菌褶贴附在水琼脂培养皿内，置于散射光下数小时后可看到孢子堆。

（2）试管稀释分离获得孢子悬液，如图 2-10 所示。

在超净工作台中，挑取 2～3 环孢子，移入含有 10mL 无菌水的试管中，充分摇匀，逐级稀释至浓度为 400～500 个/mL。

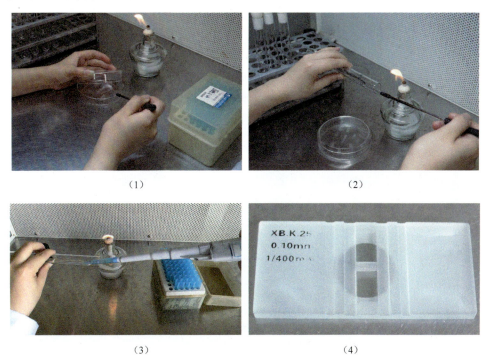

（1）　　　　　　　　　　　　　　（2）

（3）　　　　　　　　　　　　　　（4）

图 2-10　试管稀释分离获得孢子悬液

（3）将单孢挑入新的培养基，如图 2-11 所示。

取 50μL 孢子悬液涂布于 PDA 培养基上，在低倍镜下观察，标记孢子所在位置，然后在超净工作台中用挑针将附着孢子的培养基挑入新的 PDA 培养基中。

图 2-11　将单孢挑入新的培养基

（4）镜检确认单核，如图 2-12 所示。

孢子萌发后，挑取少量菌丝，利用光学镜检和双重荧光染色法确定单核菌丝。

（5）杂交，如图 2-13 所示。

在同一培养皿中接入两个亲本单核菌丝各一块，适宜温度下培养，然后挑取接触处的菌丝体，镜检是否具有锁状联合。

（1）　　　　　　　　　　　　　　　　　（2）

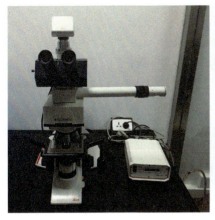

（3）

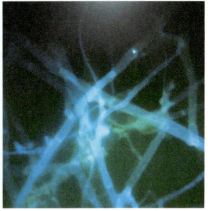

（4）

图 2-12 镜检确认单核

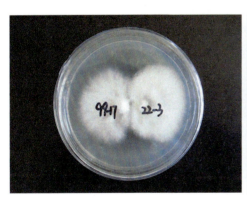

（1）

（2）

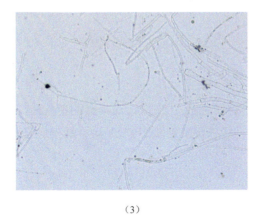

（3）

图 2-13 杂交

（6）出菇试验，挑选优良菌株。

第三节　诱变育种

一、物理诱变育种

紫外线和 ^{60}Co 辐射是物理诱变育种中最主要的两个物理诱变剂，由于二者在前期受体材料准备和相关处理的方法一样，因此本节将两个诱变处理流程放在一起介绍。

（一）实验前的准备工作

1. 主要试剂及耗材

（1）新鲜的蘑菇子实体：以平菇为例。

（2）PDA 培养基：去皮马铃薯 200g，葡萄糖 20g，琼脂粉 15g，ddH$_2$O 1000mL，121℃高压灭菌 30min。

（3）无菌水：分别制作含 10mL（1 支）和 9mL（数目不固定，需根据孢子浓度调整，一般 3 支即可）蒸馏水的试管，121℃灭菌 20min 备用。

（4）涂布器、挑针（接种针）、钩子、打孔器、酒精灯、1mL 枪头，灭菌备用。

（5）血球计数板。

2. 主要仪器

移液器（1000μL）、恒温培养箱、超净工作台、^{60}Co 放射源、显微镜。

（二）实验方法

1. 诱变材料的准备

（1）菌丝体受体材料的制备：选取边缘幼嫩的菌丝体作为转接材料，用打孔器打孔后，用接种针将菌块转接到新的 PDA 培养基中，见图 2-14。

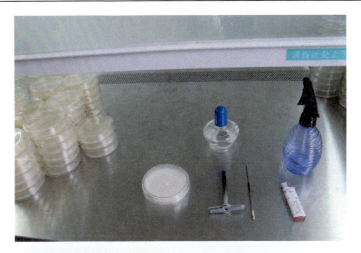

图 2-14 菌丝体受体材料的制备

（2）孢子悬浮液的制备：子实体表面用 70%乙醇擦拭后，悬挂于烧杯中，底部放置培养皿，过夜后得到孢子印（图 2-15）；用滤纸条擦取孢子后放入含有无菌水的离心管中，镜检孢子浓度至 $10^2 \sim 10^3$ 个/mL。

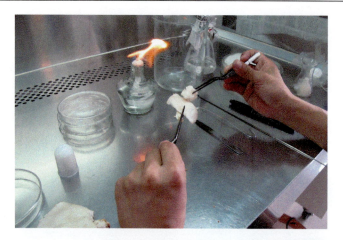

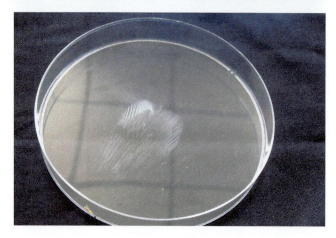

图 2-15　孢子悬浮液的制备

（3）原生质体的制备：见本章第四节。

2. 物理诱变

（1）紫外诱变：将诱变材料开盖放于超净工作台中，紫外灯周边挡上黑纸或黑布后照射 30～100s。

（2）⁶⁰Co 诱变：将诱变材料放于离心管中，置于放射源 ⁶⁰Co 辐射育种实验室照射，进行辐射的剂量通常在 0.6～3.0kGy，剂量率在 10～20Gy/min

（3）将长出的单菌落或者边缘幼嫩菌丝挑取到新的 PDA 培养基中，连续转接 5 代后，检测处理菌丝生长速度，见图 2-16。

图 2-16　挑取幼嫩菌丝到新培养基

（4）通过拮抗、出菇、分子标记、同工酶等试验筛选突变菌株，统计其农艺性状。

二、化学诱变育种

常用的化学诱变剂有烷化剂、亚硝基化合物、叠氮化合物、碱基类似物、抗生素、羟胺、吖啶等。其中应用最广泛的是甲基磺酸乙酯（ethylmethylsulfone，EMS，烷化剂）、叠氮化钠（sodium azide，SA，叠氮化合物）、秋水仙素（colchicine，Colc）等。本节内容介绍的是 EMS 诱变育种流程。

（一）实验前的准备工作

1. 主要试剂及耗材

（1）新鲜的蘑菇子实体：以平菇为例。

（2）PDA 培养基：去皮马铃薯 200g，葡萄糖 20g，琼脂粉 15g，ddH$_2$O 1000mL，121℃高压灭菌 30min。

（3）无菌水：分别制作含 10mL（1 支）和 9mL（数目不固定，需根据孢子浓度调整，一般 3 支即可）蒸馏水的试管，121℃灭菌 20min 备用。

（4）涂布器、挑针、钩子、打孔器、酒精灯、1mL 枪头，灭菌备用。

（5）血球计数板。

（6）EMS（甲基磺酸乙酯，液体）。

2. 主要仪器

移液器（1000μL）、恒温培养箱、超净工作台、显微镜。

（二）实验方法

1. 诱变材料的准备

（1）孢子悬浮液的制备：子实体表面用 70%乙醇擦拭后，悬挂于烧杯中，底部放置培养皿，过夜后得到孢子印；用滤纸条擦取孢子后放入含有无菌水的离心管中，镜检孢子浓度至 10^2～10^3 个/mL，见本章图 2-17。

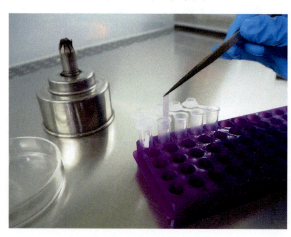

图 2-17　孢子悬浮液的制备

（2）菌丝体的制备同图 2-14。

（3）原生质体的制备：见本章第四节。

2. 诱变剂的配制

EMS 诱变剂一般浓度在 1%（*v/v*），高压灭菌后备用，由于此药品具有致癌作用，因此需要戴手套操作，见图 2-18。

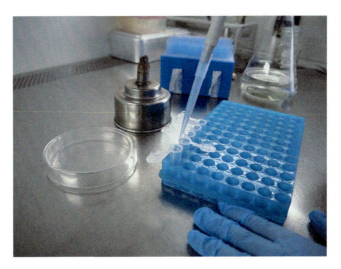

图 2-18　诱变剂的配制

3. 诱变处理

将诱变材料置于不同浓度 EMS 的离心管或试管中，25℃处理 1～2h。

第四节　原生质体制备及融合

一、原生质体制备

本实验以白灵菇 *Pleurotus nebrodensis* 为例。

1. 主要试剂及耗材

（1）0.6mol/L 甘露醇（根据实验需求选用不同的稳渗剂）：称取 10.93g 甘露醇，超纯水定容至 100mL，高压灭菌备用。

（2）0.02g/mL 溶壁酶（现用现配）：称取 0.2g 溶壁酶溶于 10mL 0.6mol/L 甘露醇中，经 0.45μm 滤器过滤备用。

（3）MYG 液体培养基：麦芽糖 10g，葡萄糖 5g，酵母浸粉 5g，超纯水定容至 1000mL，高压灭菌备用。

（4）再生培养基：甘露醇 109.3g，麦芽糖 10g，葡萄糖 5g，酵母浸粉 5g，琼脂 1.6%～1.8%，超纯水定容至 1000mL，高压灭菌备用。

（5）无菌超纯水，高压灭菌备用。

（6）镊子、漏勺、滤纸、1.5mL 离心管、涂布器、脱脂棉、0.45μm 滤器、培养皿、枪头，灭菌备用。

（7）滴管、血球计数板、载玻片、盖玻片。

2. 仪器设备

恒温摇床、恒温培养箱、金属孵育器、显微镜、离心机等。

3. 操作步骤

（1）菌丝培养，如图 2-19 所示。

在超净工作台中，用镊子夹取新鲜幼嫩的菌丝，接种于 MYG 液体培养基中，23～25℃振荡或静置培养 7 天。

（2）冲洗菌丝，如图 2-20 所示。

菌丝长好后，用小孔漏勺过滤培养基，用超纯水冲洗菌丝（菌丝夹碎）。用无菌滤纸吸干菌丝的水分，然后移入 1.5mL 灭菌离心管中。用 0.6mol/L 甘露醇冲洗两次，放在无菌滤纸上吸干，然后移入 1.5mL 灭菌离心管内称重（每管 200～300mg）。

（1）

（2）

（3）

图 2-19　菌丝培养

（1）

（2）

（3）

图 2-20　冲洗菌丝

（3）配制溶壁酶，如图 2-21 所示。

图 2-21　配制溶壁酶

制备 0.02g/mL 溶壁酶溶液，用 0.45μm 无菌滤器过滤。

（4）酶解，如图 2-22 所示。

按菌丝重量的三倍量将 0.02g/mL 溶壁酶溶液加入装有菌丝的离心管中，将离心管放入 2℃的金属浴中酶解 4h，得到原生质体粗提液。

图 2-22　酶解

（5）粗提液过滤，如图 2-23 所示。

用脱脂棉过滤原生质体粗提液。

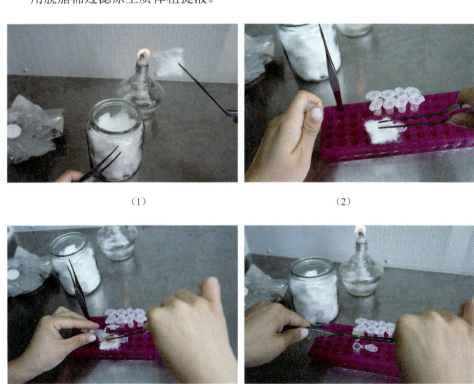

（1）　　　　　　　　　　　　　　　（2）

（3）　　　　　　　　　　　　　　　（4）

图 2-23　粗提液过滤

（6）离心及稀释，如图 2-24 所示。

滤液在 4 000r/min 下离心 5min，弃去上清液，用稳渗剂轻轻冲洗 2 次，得到纯的原生质体，然后用稳渗剂稀释后制成悬浮液。

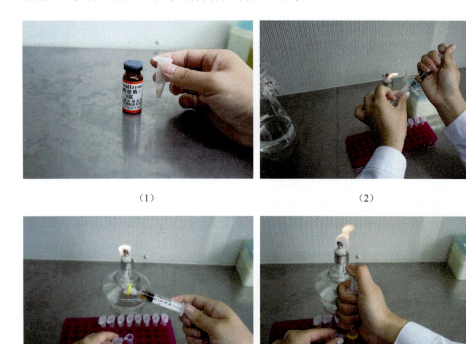

（1）　　　　　　　　　　　　　　（2）

（3）　　　　　　　　　　　　　　（4）

图 2-24　离心及稀释

（7）镜检计数，如图 2-25 所示。

取 50μL 原生质体悬浮液，滴于血球计数板上，在 40 倍光学显微镜下计数；用 0.6mol/L 甘露醇溶液将原生质体浓度稀释至 $10^4 \sim 10^5$ 个/mL 备用。

（8）涂布及再生，如图 2-26 所示。

取适量原生质体悬浮液，均匀涂布于原生质体再生培养基中，23～25℃培养7 天左右观察再生情况；待再生培养基上出现微小再生菌落后，挑取菌落于 PDA平板上。

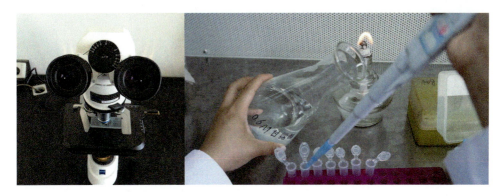

（1）

（2）

图 2-25　镜检计数

图 2-26　涂布及再生

二、原生质体融合

原生质体融合（protoplast fusion）：是指通过人为的方法，使遗传性状不同的两个细胞的原生质体进行融合，借以获得兼有双亲遗传性状的稳定重组子的过程。其主要步骤包括原生质体制备、原生质体混合、诱导原生质体融合、融合子再生等。聚乙二醇（PEG）是一种高效诱导融合剂，与自发融合相比，可大幅提高原生质体的融合率。本实验以白灵菇 *Pleurotus nebrodensis* 为例。

1. 主要试剂及耗材

（1）30% PEG 6000。

（2）0.6mol/L 甘露醇（根据实验需求选用不同的稳渗剂）：称取 10.93g 甘露醇，用超纯水定容至 100mL，高压灭菌后备用。

（3）再生培养基：甘露醇 109.3g，麦芽糖 10g，葡萄糖 5g，酵母浸粉 5g，琼脂 1.6%～1.8%，蒸馏水 1000mL，高压灭菌后备用。

（4）无菌滴管、载玻片、盖玻片。

2. 仪器设备

显微镜、无菌操作台、离心机、金属孵育器、移液器。

3. 操作步骤

（1）原生质体游离情况检查，如图 2-27 所示。

按照上文方法制备原生质体，然后在显微镜下检查原生质体游离情况。

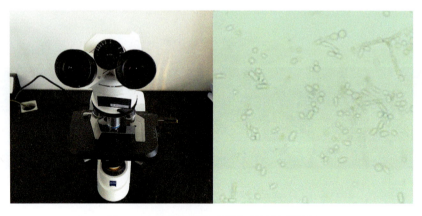

图 2-27　显微镜下检查原生质体游离情况

（2）原生质体混合，如图 2-28 所示。

用 0.6mol/L 甘露醇将两种原生质体调成等浓度，再将等浓度原生质体等体积混合。

图 2-28　原生质体混合

（3）PEG 法诱导原生质体融合，如图 2-29 所示。

将原生质体混合液于 4000r/min 下离心 5min，弃去上清液；轻轻摇散原生质体，加 0.5mL 30% PEG 6000 促融剂，32℃温浴 25min。

图 2-29　PEG 法诱导原生质体融合

（4）融合子稀释、涂布及再生情况观察，如图 2-30 所示。

（1）

（2）

（3）

图 2-30　融合子稀释、涂布及再生情况观察

　　吸除融合剂，用 0.6mol/L 甘露醇清洗 2 次，稀释至 $10^4 \sim 10^6$ 个/mL 备用；各取 0.1mL 分别涂布于再生培养基上（每个稀释度 10 个重复），23～25℃培养 7 天左右，观察再生情况。

第三章　菌类作物菌种与栽培实验

第一节　PDA 斜面培养基的制作

培养基是一种人工配制的适合菌物生长繁殖和积累代谢产物的混合养料。培养基营养成分不外乎碳源、氮源、能源、无机盐、生长因子和水等。除此之外，不同的微生物种类适合的培养基的 pH 也不同，如大多数细菌、放线菌的最适 pH 为中性至微碱性，而酵母菌和霉菌则偏酸性。培养基根据状态分为固体培养基、半固体培养基、液体培养基，培养基中常用的凝固剂是琼脂，添加量 1.5%～3%形成固体培养基，添加量 0.5%～0.8%形成半固体培养基。马铃薯葡萄糖琼脂培养基（PDA 培养基）适用于大多数真菌的培养，配方为马铃薯 200g，葡萄糖 20g，琼脂 20g，水 1000mL。

1. 主要实验仪器与材料

刀、菜板、电子天平、量筒、电磁炉、锅、纱布、玻璃棒（筷子）、橡皮筋、保温桶、压力壶、试管、棉塞（橡胶塞）、报纸、灭菌锅、马铃薯、葡萄糖、琼脂、记号笔。

2. 实验步骤

（1）配制：将马铃薯洗净、去皮称取 200g，切片或切丁（1cm³）（图 3-1）放入锅中，在锅内加水 1000mL 边煮边搅拌，煮至用筷子或玻璃棒按压即碎为止，用 4～8 层纱布过滤（图 3-2），将滤液定容至 1000mL，放回锅里，加入琼脂，不断搅拌至完全溶解后，加入葡萄糖，边加边搅拌，至完全溶解后进行分装。

（2）分装：[可用保温桶（图 3-3）、压力壶（图 3-4）、漏斗等] 将配制好的培养基趁热分装，将其倒入保温桶中，用水龙头将培养基放入试管中，试管提前用橡皮筋套好，套到需要装的高度（图 3-5）。分装过程中避免培养基黏附在试管口，如果不慎黏附在管口或管壁，用纱布擦净。装量为试管长度的 1/5～1/4（图 3-6）。

图 3-1　马铃薯切丁

图 3-2　过滤

图 3-3　保温桶

图 3-4　压力壶

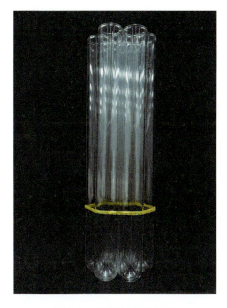

图 3-5　定好高度的试管

图 3-6　装好培养基的试管

（3）塞棉塞：棉塞用普通的棉花制作，不使用脱脂棉。棉塞大小、松紧要与试管的口径一致，塞入棉塞要紧贴管壁，不留缝隙。松紧度以提起棉塞，试管跟着被提起不脱落，拔出棉塞可听到轻微声音为度。标准棉塞应是塞头部够大，不易变形，入管部分为棉塞总长的 2/3，外部为 1/3（不小于 1cm）（图 3-7），将塞好棉塞的试管 7 支或 10 支一捆，在外边包上两层报纸，用橡皮筋套好（图 3-8）。

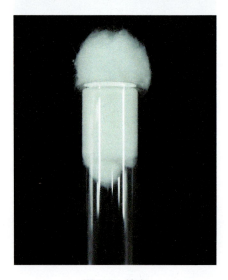

图 3-7　棉塞

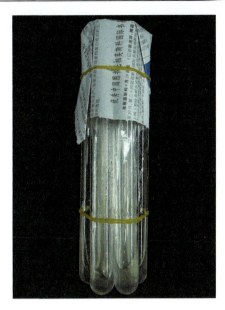

图 3-8　包好的试管

（4）装锅灭菌：将包好的试管放入高压灭菌锅中，调至 121℃，灭菌 30min。

（5）摆斜面：待灭菌锅压力降到零后，将灭菌锅锅盖不完全打开，对棉塞进行烘干，待 60℃左右拿出摆斜面，斜面长度以离棉塞大于 2cm 为佳。

3. 结果记录

（1）记录制作的斜面培养基是否符合要求。

（2）灭菌后的颜色有无变化？试分析原因。

4. 注意事项

（1）在加入琼脂和葡萄糖的时候要边搅拌边加入，防止出现糊底的现象。

（2）在分装的过程中要统一高度，便于摆斜面，做成的试管培养基一致性好，接种后菌丝生长均一。

（3）在加入培养基之后试管一定直立摆放，防止培养基黏附在管壁及棉塞上，这样容易造成污染。

第二节　平板培养基的制作

培养基是人工配制的适合菌物生长繁殖或积累代谢产物的营养基质，培养基必须具备碳源、氮源、无机盐和生长因子、水分合适的 pH 等营养条件。平板培养基使用广泛，一般用于环境检测、菌种培养、生长速度测定以及单孢分离等实验中。

1. 主要实验仪器与材料

刀、菜板、电子天平、量筒、电磁炉、锅、纱布、玻璃棒（筷子）、三角瓶、封口膜、橡皮筋、培养皿、棉塞、报纸、灭菌锅、超净工作台、酒精灯、75%乙醇、马铃薯、葡萄糖、琼脂、封口膜、记号笔。

2. 实验步骤

以 PDA 培养基为例，按配方马铃薯 200g，葡萄糖 20g，琼脂 20g，水 1000mL 称量好材料。

（1）配制：将马铃薯洗净、去皮称取 200g，切片或切丁（1cm³）放入锅中，在锅内加水 1000mL 边煮边搅拌，煮至用筷子或玻璃棒按压即碎为止，用 4 到 8 层纱布过滤，将滤液定容至 1000mL，放回锅中，加入琼脂，不断搅拌至完全溶解后，加入葡萄糖，边加边搅拌，至完全溶解，培养基制作完成。

（2）装瓶：将煮好的 PDA 培养基倒入三角瓶中，用封口膜封好（也可用棉塞）（图 3-9）；与此同时要将一定数量的培养皿用报纸包好（图 3-10）。

图 3-9　做好的 PDA 培养基

图 3-10 报纸包好的培养皿

（3）灭菌：将封好的三角瓶和包好的试管放在高压灭菌锅中，调节至 121℃高压灭菌 30min。

（4）紫外杀菌：等灭菌结束后，待灭菌锅压力降到零后，将灭菌锅锅盖不完全打开（图 3-11），对棉塞和报纸进行烘干，将三角瓶留在灭菌锅中，将培养皿拿到超净工作台中紫外杀菌 30min，然后将三角瓶拿到超净工作台中，用乙醇将三角瓶表面进行消毒，准备倒平板。

图 3-11 灭菌锅不完全打开

（5）倒平板：在超净工作台中，先用 75%乙醇擦手，然后打开酒精灯，在火焰附近将三角瓶封口膜去掉，将三角瓶口放在火焰附近（图 3-12），打开灭过菌的平板，将培养基倒入平板中 [可用持皿法（图 3-13）和叠皿法（图 3-14）]，每个平板大约倒 10mL（图 3-15）（倒培养基时注意不能倒在平板壁上，以免引起污染，培养基的多少根据功能和培养时间定，如用于培养，可适当多倒一些；如果用于测速，可以少倒一些；如果培养时间短，可以薄一些；如果培养时间长，可多倒一些）。

图 3-12　瓶口在火焰附近

图 3-13　持皿法

图 3-14　叠皿法

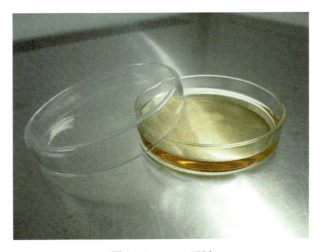

图 3-15　10mL 平板

（6）将倒好的平板放在超净工作台中备用（一般尽快使用，避免污染），关闭酒精灯，把超净工作台收拾干净。待凝固后，可取出几个用封口膜封好的培养基于 37℃培养，观察是否灭菌彻底。

3. 结果记录

（1）每个小组做 10 个 PDA 培养基，记录平板的均一性。

（2）培养的平板，每天观察，记录有无污染及污染类型。

4. 注意事项

（1）倒平板过程要快，避免培养基温度降低凝固。

（2）瓶口尽量保持在火焰附近，减小污染概率。

（3）注意超净工作台面是否平整，使用过的超净工作台（尤其是接种过菌包的）可能会台面不平整，这样会导致倒好的平板培养基出现薄厚不均匀的现象。

第三节　实验室环境检测

细菌具有个体小、数量多、繁殖快、无处不在的特性，因此广布于任何区域，一些半知菌类、接合菌类等的孢子也广泛地分布在空气中，因此食药用菌在接种和初期养菌过程中极其需要洁净的环境。为了环境洁净，一般洁净室（台）要求有正压风，即通过超滤膜过滤后的风由上到下生成正压风，排出紫外灯杀死的杂菌以及孢子等，进入洁净新风来控制环境洁净。平板培养基具有细菌和真菌需要的营养物质，通过沉降，将空气中的微生物沉降到平板中进行培养，根据培养皿中菌落的多少，判定洁净程度是否达到相应要求。

1. 主要实验仪器与材料

胰蛋白胨、酵母提取物、氯化钠、琼脂、电子天平、量筒、电磁炉、锅、玻璃棒（筷子）、三角瓶、封口膜、橡皮筋、报纸、灭菌锅、超净工作台、酒精灯、75%乙醇、培养皿、恒温培养箱、封口膜、记号笔。

2. 实验步骤

（1）平板培养基的制作参考本章第二节。LB 培养基（图 3-16）配方：胰蛋白胨 10g，酵母提取物 5g，氯化钠 10g，琼脂 15～20g，水 1000mL，调节 pH 到 7.0（其余参考本章第二节）。

（2）不同级别最少培养皿数见表 3-1，不同级别要求菌落数见表 3-2。

表 3-1　不同级别最少培养皿数

洁净度级别	最少培养皿数（90mm）
100	14
10 000	2
10 0000	2
30 0000	2

图 3-16　LB 培养基

表 3-2　不同级别要求菌落数

洁净度级别	沉降菌菌落数（个/皿，0.5h）
100	≤1
10 000	≤3
100 000	≤10

注：据《药品生产质量管理规范》

　　（3）取样场所与取样方法（图 3-17）：一般在接种室、层流罩下、冷却间、超净工作台、实验室进行环境检测。

　　洁净环境的检测：把已经制备好并灭菌的 LB 培养基按要求放在要检测的环境和设定的位置，打开培养皿盖 30min（其中一个不打开盖作为对照），再将培养皿盖盖好密封，放在恒温培养箱内 37℃培养，观察培养基上污染的菌落数（图 3-18），必要的情况下可使用放大镜。

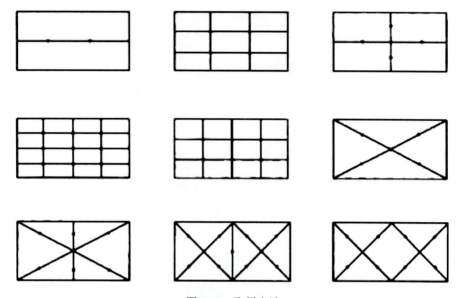

图 3-17 取样方法

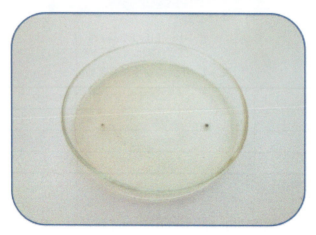

图 3-18 检测空气的平板

3. 结果记录

计算方法：

$$\overline{M} = \frac{M_1 + M_2 + M_3 + \cdots + M_n}{n}$$

式中：$\overline{M}$——平均菌落数；M_1——1 号培养皿菌落数；M_2——2 号培养皿菌落数；M_n——n 号培养皿菌落数；n——培养皿总数。

将计算结果与表 3-2 中的标准进行对照，记录是否达到对应场所的洁净度要求。

4. 注意事项

（1）防止人为对培养基的污染，每天观察，及时记录实验数据。

（2）注意观察常见的菌落类型以及其在检测培养基上的扩散速度。

第四节　无菌环境的建立

细菌及真菌孢子等肉眼不可见的对食用菌生产造成严重威胁的生物广泛地存在于我们的环境中，尤其细菌具有个体小、数量多、繁殖快、无处不在的特点，因此必须对洁净区与无菌区进行严格的消毒灭菌，来满足生产条件。常见的有紫外线灭菌、臭氧灭菌、药物熏杀等方法。

1. 主要实验仪器与材料

40%甲醛溶液、高锰酸钾溶液、新洁尔灭溶液、乳酸溶液；臭氧发生器、超净工作台、接种箱、高压灭菌锅、恒温培养箱、LB 培养基。

2. 实验步骤

使用甲醛熏蒸法、菇哈哈（消毒盒）熏蒸法、乳酸熏蒸法、新洁尔灭溶液消毒、臭氧灭菌法（接种箱）5 种方法分别进行灭菌；结合紫外线灭菌（超净工作台）创造洁净环境；以下实验操作均在接种箱中进行。

（1）甲醛熏蒸法：主要是利用甲醛能使菌体蛋白质变性凝固和溶解菌体类脂的作用。按照每立方米 10mL 甲醛、5g 高锰酸钾用量。首先在瓷碗中倒入温水加入高锰酸钾，然后倒入甲醛，熏蒸 30min，然后将灭过菌的 LB 培养基拿进接种箱中，打开平板，进行环境检测，检测完成后封好封口膜，在 37℃恒温培养箱中培养，分别于 24h、48h、72h 记录菌落情况。

（2）菇哈哈熏蒸法：菇哈哈是以二氯异氰尿酸钠为主要杀菌成分的粉剂，按照每立方米 4～6g 量使用，将菇哈哈药粉放到瓷碗中，放入接种箱中，将其点燃，密闭杀菌 30min 后，待烟雾去除后，将灭过菌的 LB 平板培养基拿进接种箱中，打开平板，进行环境检测，检测完成后封好封口膜，在 37℃恒温培养箱中培养，分别于 24h、48h、72h 记录菌落情况。

（3）乳酸熏蒸法：相对麻烦，一方面需要明火加热，另一方面需要相应湿度，按照 25～30m³ 的空间 4～5mL 的用量，加入等量的水，加热蒸发，密闭 2～3h，将灭过菌的 LB 培养基拿进接种箱中，打开平板，进行环境检测，检测完成后封好封口膜，在 37℃恒温培养箱中培养，分别于 24h、48h、72h 记录菌落情况。

（4）新洁尔灭溶液消毒：新洁尔灭主要对引起疾病的细菌和病毒杀菌效果较好，主要用于手术器械和手等的表面消毒，使用前需要稀释。取新洁尔灭 1000 倍液，对接种箱的角落及空气进行喷雾，然后将灭过菌的 LB 培养基拿进接种箱中，打开平板，进行环境检测，检测完成后封好封口膜，在 37℃恒温培养箱中培养，分别于 24h、48h、72h 记录菌落情况。

（5）臭氧灭菌法：主要是利用氧原子的氧化作用来杀菌的一种方法。打开臭氧发生器，将臭氧通入接种箱中，灭菌 60min，然后停止灭菌，之后 30min 使臭氧分解为氧气，然后将灭过菌的 LB 培养基拿进接种箱中，打开平板，进行环境检测，检测完成后封好封口膜，在 37℃恒温培养箱中培养，分别于 24h、48h、72h 记录菌落情况。

以超净工作台作为对照，分别灭菌 0min、15min、30min、45min，吹风 5min，将灭过菌的 LB 培养基拿进超净工作台中，打开平板，进行环境检测，检测完成后封好封口膜，在 37℃恒温培养箱中培养，分别于 24h、48h、72h 记录菌落情况。

3. 结果记录

记录结果的方法见表 3-3～表 3-8。

表 3-3　不同灭菌方法对灭菌效果的影响（培养 24h）

试验次数	平均染菌个数	灭菌方法	甲醛	菇哈哈	新洁尔灭	乳酸	臭氧
	1						
	2						
	3						
	平均数						

表 3-4　不同灭菌方法对灭菌效果的影响（培养 48h）

试验次数	平均染菌个数	灭菌方法	甲醛	菇哈哈	新洁尔灭	乳酸	臭氧
	1						
	2						
	3						
	平均数						

表 3-5　不同灭菌方法对灭菌效果的影响（培养 72h）

试验次数	平均染菌个数	灭菌方法	甲醛	菇哈哈	新洁尔灭	乳酸	臭氧
1							
2							
3							
平均数							

表 3-6　超净工作台紫外线灭菌（培养 24h）

试验次数	平均染菌个数	灭菌时间	0min	15min	30min	45min
1						
2						
3						
平均数						

表 3-7　超净工作台紫外线灭菌（培养 48h）

试验次数	平均染菌个数	灭菌时间	0min	15min	30min	45min
1						
2						
3						
平均数						

表 3-8　超净工作台紫外线灭菌（培养 72h）

试验次数	平均染菌个数	灭菌时间	0min	15min	30min	45min
1						
2						
3						
平均数						

4. 注意事项

（1）消毒杀菌过程中，要远离消毒杀菌场所，杀菌剂、紫外线等对人体有害。

（2）消毒杀菌的场所要密闭，否则出现通气等现象，结果不准确。

（3）好的洁净室在消毒杀菌之后应该有正压风使整个空间处于正压状态。

第五节　肉质菌组织分离

食用菌组织分离是利用食用菌菌丝可以无性繁殖的特点，通过将其组织分离转入合适的培养基，适温培养得到纯菌种的方法。肉质食用菌一般肉质较厚，在子实体掰开区域不与外界环境接触，属于无杂菌区域，因此直接取组织进行分离即可，一般不会产生污染状况。

1. 主要实验仪器与材料

PDA 平板培养基、超净工作台、尖嘴镊子、75%乙醇、解剖刀、酒精灯、肉质食用菌（平菇、香菇、杏鲍菇等）、封口膜、恒温培养箱、PDA 斜面培养基、接种铲、记号笔。

2. 实验步骤

（1）种菇的挑选：挑选子实体形状标准、健壮、无病害的新鲜肉质食用菌作为种菇（图 3-19）。

图 3-19　优质种菇

（2）紫外杀菌：将 PDA 平板培养基、解剖刀、尖嘴镊子、酒精灯放入超净工作台，紫外杀菌 30min，杀菌结束后，关闭紫外灯，打开风机 5min 之后，开始进行操作。

（3）表面消毒：将种菇放入超净工作台，用75%乙醇擦手和对种菇进行表面消毒（图3-20），点燃酒精灯。

图3-20 表面消毒

（4）组织分离：将种菇从菌盖处切开或撕开（图3-21）（如果用刀切应先对刀片进行灼烧灭菌），操作时避免菌盖的横截面触碰到手或带菌的物体，防止不必要的杂菌污染。用灭过菌的刀片在横截面上菌盖与菌柄交会处挑取米粒大小的菌肉（图3-22），用尖嘴镊子夹取，迅速转入准备好的平板培养基内，放在中心部位（注意刀片和镊子要进行灼烧灭菌，灼烧后在空气中冷却，防止将菌丝烫死），做好标记，贴上封口膜（图3-23）。

图3-21 子实体撕开

图 3-22　挑取米粒大小组织

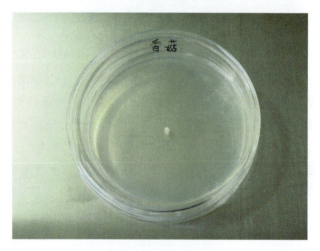

图 3-23　组织分离完成

（5）培养：将转完的培养皿放在 25℃恒温培养箱中培养。

（6）菌种纯化：待菌丝萌发，长到 1.5～2cm（图 3-24）时准备进行菌种纯化，在超净工作台内，用灼烧灭菌后的接种铲挑取平板培养基中长好的菌丝尖端培养基（图 3-25），迅速转入准备好的试管中（接种铲要冷却，在酒精灯下操作），做好标记。

图 3-24　菌落 1.5～2cm

图 3-25　挑取菌丝尖端

（7）培养：将转好的试管放入 25℃恒温培养箱中培养，待菌丝长满后，得到纯菌种（图 3-26）。

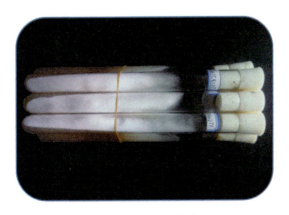

图 3-26　长好的菌种

3. 结果记录

（1）每 24 小时观察一次，记录菌丝生长状态。
（2）计算污染率，查找污染原因并做记录。

4. 注意事项

（1）挑取组织时，如掉落或接触到手等，重新挑取组织块。
（2）一般选取菌柄和菌盖交接位置的菌肉作为组织分离的组织块。
（3）有细菌污染的组织菌落也可进行纯化获得无污染的菌种。

第六节　胶质菌组织分离

胶质菌类一般子实体组织较薄，没有菌盖与菌柄之分，表面组织污染比较严重，因此不同于肉质菌的分离，必须进行表面消毒杀菌处理。

1. 主要实验仪器与材料

PDA 平板培养基、超净工作台、空培养皿（灭过菌）、尖嘴镊子、75%乙醇、酒精灯、无菌水、胶质类食用菌干品（黑木耳、毛木耳、银耳等）、青霉素、注射器（灭过菌）、封口膜、恒温培养箱、PDA 斜面培养基、接种铲、记号笔。

2. 实验步骤

（1）种菇的挑选：挑选子实体形状标准、较厚、颜色纯正、健壮、无病害的胶质食用菌作为种菇（图 3-27）。
（2）紫外杀菌：将 PDA 平板培养基、尖嘴镊子、灭菌的注射器、酒精灯、无菌水、无菌空培养皿、青霉素放入超净工作台，紫外杀菌 30min，紫外杀菌后关闭紫外灯，打开风机 5min 后进行操作。
（3）药液准备：将种菇放入超净工作台，用 75%乙醇擦手进行表面杀菌，点燃酒精灯，用注射器吸取适量 75%乙醇，将医用青霉素溶解（图 3-28），稀释的每瓶青霉素溶解于 20mL 75%乙醇当中（图 3-29），注射到空的无菌培养皿中，同样操作两遍，准备两份药液。

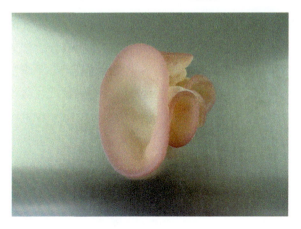

图 3-27　优质种菇

图 3-28　75%乙醇混合青霉素

图 3-29　青霉素加 75%乙醇

（4）组织夹取：镊子先灼烧灭菌、冷却，左手捏住胶质食用菌基部，右手拿尖嘴镊子夹掉胶质食用菌边缘（图 3-30），取剩下的部分，作为组织分离的菌种（因为胶质食用菌的尖端耳片较薄，露出的子实层面积小，难萌发且易被培养基内少量积水淹死，而基部尽管耳片较厚，但是与培养料较近，易污染）。

图 3-30　去掉耳片边缘

（5）组织消毒：用镊子尖端夹住小块耳片（约 1mm²）（图 3-31），掰下来，直接放在一个盛有配好药液的平板中（注意镊子及夹下的耳片不要触碰到手或其他带菌物体，可以多夹下来几块，挑选较规则的大小合适的菌块备用）杀菌 1min（图 3-32），再将之导入另一只装有药液的平板中杀菌 1min。

图 3-31　玉木耳子实体小块

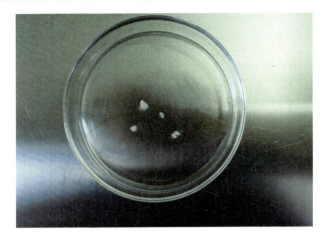

图 3-32　杀菌 1min

（6）接种：用镊子将杀完菌的小块耳片接种到制作好的平板培养基内，做好标记，封好封口膜（图 3-33）。

图 3-33　组织分离完成

（7）培养：将封好封口膜的培养皿放到 25℃恒温培养箱内培养。

（8）菌种纯化：待菌丝萌发，长到 1.5～2cm 时准备进行菌种纯化，在超净工作台内，用灼烧灭菌后的接种铲挑起平板培养基中长好的菌丝尖端培养基，迅速转入准备好的试管中（接种铲要冷却，在酒精灯下操作），做好标记。

（9）培养：将转好的试管放入 25℃恒温培养箱中培养，待菌丝长满后，得到纯菌种。

3. 结果记录

（1）每 24 小时观察一次，记录菌丝生长状态。

（2）计算污染率，查找污染原因并做记录。

4. 注意事项

（1）胶质菌的组织分离一般都要进行消毒杀菌处理，才能降低污染率，得到需要的菌种。

（2）分离时一定要去掉耳片边缘，既不要取边缘组织也不要取接近耳基的位置。

（3）注意不同的子实体要更换药液，防止孢子等之间的交叉污染。

第七节　多孢菌种分离

多孢分离就是将大型真菌的孢子收集在培养基中获得菌种的方法。孢子是大型真菌的繁殖体，通过萌发（交配或不交配）形成可产生子实体的菌丝体即可作为菌种，有些孢子萌发后是单核菌丝，需要交配才能产生子实体，有些不需要交配自身就可以产生子实体。但多孢分离往往伴随着变异的出现，因此在多孢分离获得的菌种进行出菇后，选取与母本相同的菌株是获得理想菌种的重要方法。同时由于发生变异，多孢分离也可以作为育种的一种手段，但距今这种方法没有得到较优良的品种。

1. 主要实验仪器与材料

高压灭菌锅、超净工作台、空培养皿（灭菌）、培养皿（带培养基）、酒精灯、75%乙醇、青霉素、注射器、镊子、无菌水、涂布器、三角瓶（带钩）（图3-34）、空试管（灭菌）、孢子收集装置（图3-35）、封口膜、保鲜膜、培养箱。

2. 实验步骤

（1）紫外杀菌：将镊子、灭菌的注射器、酒精灯、无菌水、灭菌空培养皿、青霉素等放入超净工作台，紫外杀菌 30min。

（2）酒精消毒：先用 75%乙醇对手以及需要用到的工具进行表面消毒，铁质器具可以使用酒精灯杀菌。

图 3-34　三角瓶孢子收集装置

图 3-35　自制孢子收集装置

胶质菌的多孢分离（黑木耳为例）：

1）表面消毒：在酒精灯火焰无菌操作区内，使用镊子夹着酒精棉对黑木耳进行表面消毒。

2）复水：消毒完后用无菌水冲洗 2～3 次，之后将木耳放在灭菌过的平板内（光滑面朝下）（图 3-36），用无菌水泡开。

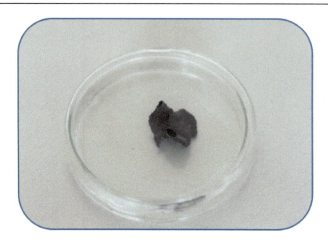

图 3-36　黑木耳复水

3）孢子收集：待黑木耳完全泡开后用灭过菌的滤纸吸干其表面的水分（图 3-37），用镊子夹到另外一个空的培养皿中[也可以放到使用三角瓶做成的孢子收集装置中（图 3-38）]，封上封口膜静置 24 小时（图 3-39）。待平板上出现一层白色粉状物时（图 3-40），证明收集到了孢子。

图 3-37　吸干表面水分

图 3-38　三角瓶收集黑木耳孢子

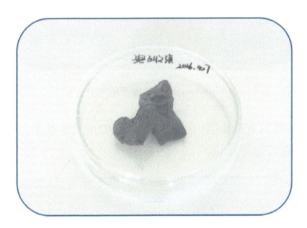

图 3-39　培养皿收集黑木耳孢子

图 3-40　平板底部的孢子印

4）孢子悬浮液：此时在无菌环境下将木耳用镊子取出，取一瓶青霉素，用注射器将其溶解到 10mL 无菌水中，注入收集到孢子的培养皿中（图 3-41），使用注射器反复抽打几次混匀，形成孢子悬浮液。

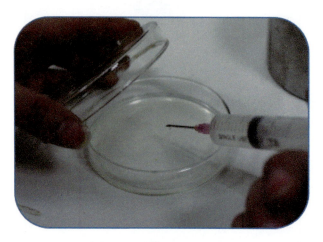

图 3-41　孢子悬浮液的制备

5）倾注平板：吸取 0.5mL 孢子悬浮液注入 PDA 培养基中，用涂布器涂匀（图 3-42），封上封口膜，做好标记。

图 3-42　涂布孢子悬浮液

6）培养：将注射孢子悬浮液的培养皿置于培养箱中 25℃培养，一段时间后就会看到萌发呈星芒状的孢子（图 3-43）。

图 3-43 孢子萌发呈星芒状

肉质菌的多孢分离（平菇为例）：

肉质大型真菌与胶质菌相似，除此之外提供另一个简单的方法。

1）表面消毒：在酒精灯火焰无菌操作区内，使用镊子夹着酒精棉对平菇进行表面消毒。

2）收集孢子：消毒之后，打开灭过菌的空试管，将平菇子实体带有菌褶的一面按压在试管口上（图 3-44），将周围子实体其余部分去掉，之后用保鲜膜将其包裹封闭在管口上（图 3-45），静置收集孢子，待管壁上形成白色粉状物时（图 3-46），证明收集到了孢子。

图 3-44 取菌褶处组织

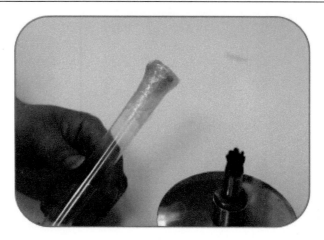

图 3-45　保鲜膜封口固定

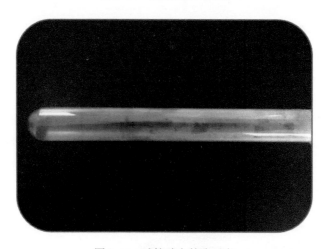

图 3-46　试管壁上的孢子印

3）孢子悬浮液：此时在无菌环境下将管口的子实体去除，取一瓶青霉素，用注射器将其溶解到 10mL 无菌水中，注入收集到孢子的试管中，使用注射器反复抽打几次混匀，形成孢子悬浮液（图 3-47）。

4）倾注平板：吸取 0.5mL 孢子悬浮液注入 PDA 培养基中，用涂布器涂匀，封上封口膜，做好标记。

5）培养：将注射孢子悬浮液的培养皿置于培养箱中 25℃培养，一段时间后就会看到萌发呈星芒状的孢子。

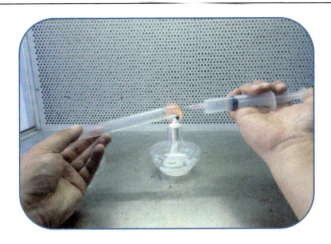

图3-47　孢子悬浮液制备

3. 结果记录

（1）使用血球计数板，观察计算孢子悬浮液中孢子的浓度。

（2）观察记录孢子萌发的时间，描述孢子萌发后的表观形状以及显微镜下观察孢子萌发的部位。

4. 注意事项

（1）一定要选择成熟的子实体进行孢子收集，不确定时可以先在显微镜下观察菌褶上是否有孢子。

（2）倾注平板时一定要控制好孢子悬浮液的量，太多会导致观察到孢子萌发的时间延后，也不便于观察。

（3）孢子萌发获得的菌种有可能会产生拮抗现象或者在平板中形成不同类型的菌落，需要获得稳定菌株，最好在栽培出菇后组织分离。

第八节　母种再生（转代培养）

接种是指在无菌的操作条件下，将某种微生物的纯种移接到适合其生长繁殖的新鲜培养基或生物体内的一个操作过程。食用菌的菌丝培养物可以作为菌种作进一步的继代培养保存或者扩大培养用于生产。

1. 主要实验仪器与材料

超净工作台、酒精灯、接种钩、接种铲、母种、记号笔、PDA 斜面培养基、恒温培养箱。

2. 实验步骤

（1）贴上标签：将注上菌名、接种日期和接种者姓名的标签贴在试管斜面正上方离管口 3～4cm 处（图 3-48），以便接种时与菌种试管上的名称相对应，严防菌种搞错或混淆。

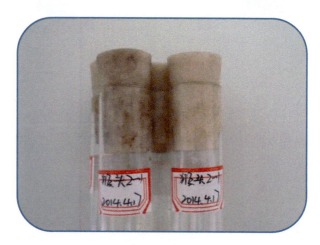

图 3-48　贴注标签

（2）旋松棉塞：经灭菌后棉质纤维会粘连在试管的内壁上，为使接种时便于棉塞拔出，应预先旋松棉塞（切忌在此时将棉塞拔出或将其丢弃在桌面上）。

（3）点燃酒精灯。

（4）手持母种试管，用酒精棉对其管口周围进行擦拭消毒（图 3-49）。

（5）灼烧接种钩，凡是进入试管的部分都要烧到，待钩前端变红，用小指与无名指将试管棉塞拔下，使管口留在无菌区域内，将接种钩过火进入试管。

（6）将接种钩在试管上壁进行冷却（图 3-50），待冷却后，用接种钩对母种进行横向的划切，划成横条状，宽约 2mm（图 3-51）。

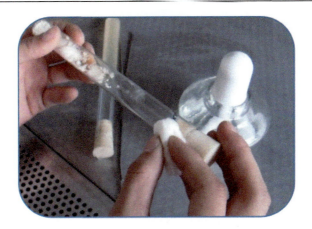

图 3-49　酒精棉管口消毒

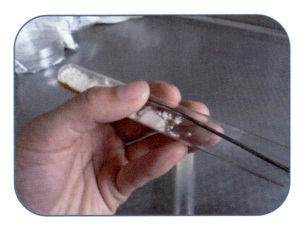

图 3-50　管内壁冷却接种钩

图 3-51　划成横条状菌种

（7）拿出接种钩，将接种铲进行灼烧，同接种钩，冷却后进行纵切，将培养基切成边长 2mm 的小正方形（图 3-52）。

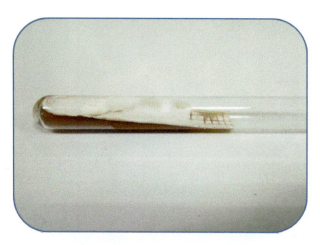

图 3-52　2mm 正方形菌种块

（8）将新试管一同放入左手，用小指与手掌拔出棉塞（图 3-53），控制在无菌区，用接种铲铲一层薄薄的正方形菌种块接在新试管培养基的中心位置（图 3-54）。

图 3-53　拔出棉塞

图 3-54 接种在中心位置

（9）将接种铲放回到母种试管中，接种好的试管塞上棉塞，用右手换取新的试管（图 3-55），重复操作。

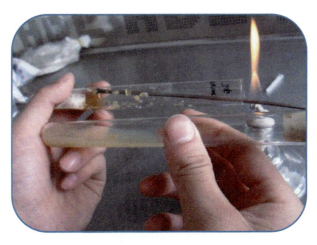

图 3-55 换取试管

（10）接种完后将棉塞塞回母种试管，盖灭酒精灯，收拾实验台。将接种好的试管放在恒温培养箱内培养。

3. 结果记录

（1）记录继代培养菌种的成活率和污染率，分析其没有萌发或者产生杂菌的原因。

（2）观察萌发的时间是否有差异，如有差异分析其原因。

4. 注意事项

（1）在接种过程中，控制试管在无菌区域内。
（2）接种铲不要碰到母种试管外的东西，否则需要再次灼烧。

第九节　木屑菌种的制作

木屑作为原种主料，含有丰富的木质素，能为食药用菌的生长提供丰富的碳源，其本身就是野生菌常出现的场所，对于木腐菌，木屑适合作为原种的生长基质。木屑颗粒度小，接种后形成空隙较小，菌丝生长快速，特别在以木屑为主料的菌包中更有优势。

1. 主要实验仪器与材料

高压灭菌锅、超净工作台、酒精灯、接种钩、木屑、麸皮、石灰、石膏、菌袋、恒温培养箱。

2. 实验步骤

配方：木屑 78%、麸皮 20%、石灰 1%、石膏 1%。
（1）预处理：粗木屑需要进行提前 12h 预湿（图 3-56），按照所需木屑进行称量，然后边加水边搅拌至料堆底部有水渗出（图 3-57）为止。

图 3-56　预湿粗木屑

图 3-57　底部有水渗出

（2）拌料：将预湿的木屑以及其他辅料按照配方比例进行称量、添加，然后进行搅拌，搅拌要均匀，调节至所需含水量以及 pH（一般使用 pH 试纸进行测量）。

（3）装袋：拌料结束后，进行装袋，首先需要将菌袋底部撑开（图 3-58），然后进行装料，装料要逐层压实（图 3-59），加一些料压实一次，直到装料到所需的高度。一般遵守先松后紧的原则（图 3-60），底部料相对于上部要松一些。

图 3-58　撑开菌袋底部

图 3-59　料逐层压实

图 3-60　先松后紧

（4）封口：装袋后，用插棒在菌包中部打孔，对于木耳，一般将插棒留在菌袋中一起灭菌（图 3-61），对于其他食药用菌，一般拔除插棒使用套环和无棉盖体（图 3-62）进行封口。

（5）灭菌：封口之后进行灭菌，高压灭菌一般 121℃ 2h，常压灭菌一般 10～12h。木耳菌包一般倒扣灭菌（图 3-63）（防止插棒中滞留水分，造成污染），其余一般正面向上灭菌（图 3-64），菌包一般都装在规格合适的灭菌筐（图 3-65）内。

图 3-61　保留插棒灭菌

图 3-62　套环和无棉盖体封口

图 3-63　菌包倒扣灭菌

图 3-64　袋口向上灭菌

图 3-65　合适规格灭菌筐

（6）冷却：出锅后可以将菌包放在冷却间进行冷却至 30℃。

（7）接种：冷却结束后就可以进行接种，将菌种接种到预先打好的孔中，有些企业一支母种试管接种 1 袋原种（图 3-66）。

3. 结果记录

（1）记录污染情况和菌种的透壁时间、满袋时间以及菌丝生长情况。

（2）记录菌包间培养过程中温度的变化。

图 3-66　母种转接原种

4. 注意事项

（1）料袋一定要装紧实，并且要上紧下松，不要在菌包中形成空隙。

（2）高压灭菌时要使用聚丙烯袋并且灭菌后不要直接放气，以免产生胀袋、爆袋现象。

（3）使用插棒保留袋中进行灭菌时要注意倒扣灭菌，有些企业使用插棒（无口）（图 3-67）加套环、无棉盖体正面向上灭菌。

图 3-67　无口插棒

第十节　传统谷粒菌种的制作

谷粒作为原种主料，含有丰富的营养，能为食药用菌的生长提供丰富的碳源、氮源等，并且颗粒度小，接种点多，适合作为原种的生长基质。谷粒菌种（麦粒菌种）在双孢蘑菇生产中应用最为广泛，一般直接用于播种。

1. 主要实验仪器与材料

高压灭菌锅、超净工作台、酒精灯、接种钩、高粱、麸皮、石灰、石膏、玻璃瓶（菌袋）、恒温培养箱。

2. 实验步骤

配方：高粱 88%、麸皮 10%、石膏 1%、石灰 1%。

（1）煮高粱：称量好的高粱用清水洗 1～2 次，放入锅中煮（图 3-68），煮至没有白芯（图 3-69）为宜，然后铺开，蒸发掉表面水分（图 3-70）。

（2）拌料：将称量好的麸皮、石灰、石膏与沥干的高粱混合，搅拌均匀，含水量 60%左右。

（3）装瓶：将拌好的料装入瓶中，装至低于瓶肩的位置，并使用双层封口膜封口（图 3-71）。

图 3-68　煮高粱

图 3-69　煮至无白芯

图 3-70　蒸发表面水分

图 3-71　双层封口膜封口

（4）灭菌：将瓶放入高压灭菌锅中，121℃灭菌 120min，注意灭菌后自然冷却。

（5）冷却：将灭菌后的料瓶放入冷却室或自然冷却，冷却至 30℃。

（6）接种：冷却后，将菌瓶放入超净工作台中，进行紫外杀菌 30min，打开风机 5min 后，关闭紫外灯后接种，一般将母种接种在谷粒料表面（图 3-72）。

图 3-72　母种接种在谷粒料表面

（7）培养：将接种后的菌瓶放入恒温培养箱中，在适宜的温度下培养，待菌丝长满后（图 3-73）即可作为菌种进行下一步的生产。

图 3-73　长满菌丝的谷粒菌种

3. 结果记录

（1）观察记录菌种吃料情况、菌丝的形态及满瓶时间。

（2）记录菌袋污染的数目并分析其可能的原因。

4. 注意事项

（1）煮高粱的时间不宜过长，防止高粱煮破、粘连在一起。

（2）石灰、石膏多用水溶解后加入，防止石灰、石膏结块烧菌。

（3）装料不要装的过实，不用按压，直接装入即可，并及时灭菌。

第十一节　摇瓶谷粒菌种的制作

与传统的谷粒菌种生产方法相比，此法生长周期短，通过摇晃谷粒，使带有菌丝的谷粒到新的地方完成接种工作，在摇瓶过程中不断接种，因此生长迅速，同时控制了菌龄，保持了菌丝活性。

1. 主要实验仪器与材料

小麦粒、三角瓶、碳酸钙、超净工作台、酒精灯、打火机、棉塞、高压灭菌锅、电子天平、接种钩。

2. 实验步骤

实验参数研究实验：

（1）实验设计如下。

含水量：可以通过在三角瓶中以水刚刚能没过谷粒为准（图 3-74），上下以5mL 梯度进行取值（图 3-75），然后进行灭菌观察，观察材料是否发生粘连、谷粒胀破等现象（图 3-76），以谷粒无胀破、不粘连，底部无积水为准（图 3-77）。

碳酸钙：一般以加 1%、2%、3%、4%为准，进行正常实验，灭菌后观察结果，以不粘连为准。一般 50g 小麦粒加 1g 碳酸钙，在此基础上，不同材料可进行相应的调整。

摇瓶：第一次以菌丝萌发并开始吃料时进行（图 3-78），之后可选择每 1、2、3、4 天进行摇瓶观察菌丝生长情况与满瓶时间。

图 3-74　水刚刚没过谷粒

图 3-75　设置梯度

图 3-76　谷粒粘连、胀破

图 3-77　谷粒无胀破、不粘连，底部无积水

图 3-78　菌丝开始吃料

（2）实验步骤：参照下文"小麦粒菌种生产实验"进行。

（3）实验结果：记录适宜含水量、碳酸钙添加量，以及摇瓶时间间隔，这些参数会根据不同材料发生变化，使用时应先进行参数摸索再进行生产。

小麦粒菌种生产实验：

（1）称量：将所需要的小麦粒以及碳酸钙、石灰等进行称量，一般 250mL 三角瓶取小麦粒 50g、碳酸钙 1g（图 3-79）。

图 3-79　称量好材料

（2）装瓶：称量好的小麦粒和碳酸钙加入三角瓶中（图 3-80），加入 50mL 水。

图 3-80　装瓶

（3）高压灭菌：将装好的三角瓶，在高压灭菌锅中 121℃高压灭菌 35min。

（4）高压灭菌完成后，取出三角瓶，进行摇瓶，将三角瓶内的小麦粒摇晃、分散（图 3-81）。

图 3-81　摇瓶、分散小麦粒

（5）接种：将三角瓶放在超净工作台中，按照正常程序进行紫外线灭菌，之后进行接种，首先，将小麦粒倾斜到一侧（图 3-82）进行接种，然后倾斜到另一侧进行接种（图 3-83）。

（6）培养：接种完成后，放在 25℃下进行培养，当菌丝萌发开始吃料时，开始进行摇瓶。

（7）摇瓶：第一次摇瓶后，每两天摇一次，一般 10 天左右菌丝长满三角瓶，即可作为菌种进行下一步的实验。

图 3-82　一侧接种

图 3-83　另一侧接种

3. 结果记录

（1）记录菌种萌发时间、摇瓶时间间隔与满瓶天数。

（2）记录前期实验，不同水量灭菌后的表现；不同碳酸钙量对菌丝生长的影响。

4. 注意事项

（1）摇瓶时一定要塞好棉塞、包好报纸，否则容易污染。

（2）灭菌之后需要立即将谷粒摇晃开，否则之后晃开比较困难。

（3）注意谷粒之间的差异性，不要盲目使用不熟悉的谷粒大量生产。

第十二节　枝条菌种的制作

枝条菌种是指使用枝条作为食用菌菌丝栽培基质而制作的菌种，因为枝条主要含有木质素，与木屑相似，适宜食用菌菌丝的生长，因此可以用于制作食用菌菌种的材料。由于枝条菌种具有发菌快、周期短、生长均匀一致、接种方便、成本低、感染率低等优点，目前在黑木耳、杏鲍菇等的生产中使用比较广泛。

1. 主要实验仪器与材料

枝条（长 13cm、宽 0.4cm、高 0.8cm）、木屑、麦麸、石灰、石膏、菌袋、插棒、高压灭菌锅、超净工作台、酒精灯、打火机、菌种、接种钩、棉塞。

2. 实验步骤

（1）枝条浸泡：枝条需要提前24h在饱和石灰水中浸泡（图3-84），饱和石灰水pH在12左右（不同厂家石灰饱和溶液pH可能有差别）。

图3-84　饱和石灰水浸泡

（2）木屑培养料配制：木屑培养料按照木屑原种拌料方法进行制作。

（3）粘料：将浸泡好的枝条取出，放在配好的木屑培养料中进行混合（图3-85），使得枝条表面粘上木屑培养料（图3-86），然后将枝条按照每把130根用皮套扎成捆（图3-87）。

图3-85　枝条粘木屑培养料

图 3-86　粘好木屑培养料的枝条

图 3-87　130 根枝条扎成捆

（4）装袋：先将菌袋底部撑开，装填木屑培养料大概 1cm（图 3-88），然后将扎成捆的枝条装进菌袋，再在枝条表面覆盖一层 1cm 左右的木屑培养料（图 3-89），最后在菌袋中央将插棒插入，并留在菌袋中。

（5）灭菌：将制作好的插有插棒的菌包倒扣在灭菌筐中，使用高压灭菌锅 121℃高压灭菌 120min。

（6）冷却：灭菌后待压力降到 0，开锅将菌包取出，在冷却间进行冷却，冷却到 30℃。

（7）接种：菌包冷却后，将菌包以及接种用具放在超净工作台中进行紫外杀菌 30min，打开风机 5min 后进行接种，接种方法与木屑菌种相同。

图 3-88 底部填料 1cm

图 3-89 顶部铺料 1cm

（8）培养：接种完成后，塞上棉塞，在 25℃下进行培养，待菌丝长满袋之后即为枝条菌种，进行下一步生产用。

3. 结果记录

（1）记录枝条菌种的满袋时间和污染情况。
（2）记录菌袋污染的数目并分析其可能的原因。

4. 注意事项

（1）枝条菌种装袋容易造成菌袋微孔，有些生产者会使用两层菌袋。

（2）菌袋要装得紧实，根据所使用的菌袋大小估计每袋使用枝条的数量，要预留出插棒的位置。

（3）不同食用菌生产使用的枝条菌种制作过程中需要注意其 pH。

第十三节　液体菌种的制作

液体菌种，是通过含食药用菌生长所需营养的呈液体状的培养基来培养成的菌丝球。培养期间通过搅拌、通气等为菌丝生长创造良好的条件，使菌种的获得更快捷。

1. 主要实验仪器与材料

三角瓶、封口膜（三角瓶）、皮套、报纸、超净工作台、酒精灯、接种钩、打火机、恒温摇床。

2. 实验步骤

（1）配方查找：根据所需培养的食用菌菌种、品种，查找资料，挑选合适的培养基配方（图 3-90）。

> 一、培养液配方:(一)葡萄糖 30 克,玉米粉 10 克,磷酸二氢钾 2 克,硫酸镁 0.5 克,水 1 千克。适用于多种食用菌培养。(二)玉米粉 50 克,葡萄糖 20 克,磷酸二氢钾 3 克,硫酸镁 1 克,维生素 B 微量,水 1 千克。适用于平菇培养。

图 3-90　挑选合适的配方

（2）培养基制作：根据液体菌种制作方法步骤，制作液体培养基（图 3-91）（可参照本章第二节，不加琼脂）。

图 3-91　液体培养基

（3）灭菌：将制作好的含有液体培养基的三角瓶放入高压灭菌锅中，121℃高压灭菌 30min。

（4）冷却接种：将液体培养基冷却至室温，在无菌条件下接入适量母种，让其静置 24h（图 3-92）。

图 3-92　接种后静置

（5）摇床培养：静置后将三角瓶固定在摇床上（图 3-93），在 150r/min 25℃（温度和转速根据种和品种具体调整）条件下培养，待菌丝体长满后即为液体菌种（图 3-94），可进行下一步的生产。

图 3-93　三角瓶上摇床

图 3-94　长满的液体菌种

3. 结果记录

（1）记录液体菌种长满的时间，描述培养过程中菌球的形态和数量变化。

（2）描述污染的现象，如颜色和气味。

（3）描述老化菌种有什么表现。

4. 注意事项

（1）液体菌种相对更容易污染，无菌操作一定要规范。

（2）注意调节合适的摇床转速，初次实验最好做好预实验再进行生产。

（3）液体发酵罐生产时，一定要注意检测，不要盲目使用。

第十四节　食用菌现代化生产流水线参观

现代化食用菌工厂布局如下。

大仓库：一般是存放生产原料、菌袋、瓶盖等的一个场所，该场所污染最严重，为避免污染其他厂区，一般处于下风向。

生产车间：包括拌料车间、装袋车间。拌料车间主要是将食用菌的主料以及辅料按照配方比进行搅拌（部分食用菌工厂包括一次搅拌、二次搅拌、三次搅拌）；装袋车间是将搅拌完全的培养料进行装袋，然后根据相应的灭菌参数进行灭菌处理。

实验室：（以液体菌种的公司介绍）包括缓冲间、冷却室一、冷却室二、冷却室三、回车道、接种室、男更衣室、女更衣室、敞开实验室、菌种保藏室、办公室、菌种培养室、洗罐室、灭菌室、出柜室、出菇室、发酵罐培养室、换罐室。

养菌室：将在实验室接种完毕的菌包进行培养，一般食用菌工厂分为前期养菌室、后期养菌室。

出菇室：将后期养菌室已经经过后熟的菌包转入出菇室，进行出菇，出菇室则在相应的出菇工厂参数下进行管理，即出菇完全。

包装车间：将采摘后的蘑菇按照等级进行包装分类，进行冷链运输或者冷藏处理。

深加工室：部分食用菌公司存在深加工地方，将食用菌进行深层次的加工，如饮料、糕点等。

1. 主要实验仪器与材料

卷尺、照相机、记录本、笔，见图 3-95。

图 3-95　参观用具

2. 实验步骤

（1）按照食用菌工厂化的生产流程进行参观。

大仓库（图3-96）→拌料车间（图3-97）→装袋车间（图3-98）→实验室（缓冲间）（图3-99）→冷却室（图3-100）→回车道（图3-101）→接种室（图3-102）→男更衣室→女更衣室（图3-103）→敞开实验室→菌种保藏室（图3-104）→办公室→菌种培养室（图3-105）→洗罐室（图3-106）→灭菌室（图3-107）→出柜室（图3-108）→发酵室→养菌室→出菇室（图3-109）→包装车间（图3-110）→深加工室（图3-111）。

图3-96　大仓库

图3-97　拌料车间

图 3-98　装袋车间

图 3-99　缓冲间

图 3-100　冷却室

图 3-101　回车道

图 3-102　接种室

图 3-103　女更衣室

图 3-104 菌种保藏室

图 3-105 菌种培养室

图 3-106 洗灌室

图 3-107　灭菌室

图 3-108　出柜室

图 3-109　出菇室

图 3-110　包装车间

图 3-111　深加工室

（2）参观过程中，随时进行照片的拍摄以及测量记录，包括量取相关的数据，如筐的尺寸、小车的尺寸等以及记录设施安装位置、生产流程等（图 3-112）。

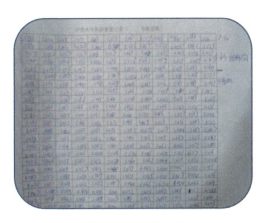

图 3-112　记录数据

（3）参观过程中遇到不懂的地方及时询问相关人员。

（4）参观完成后，可以对工厂基本布局进行绘制（图3-113），并且可以说出相应车间的生产职能。

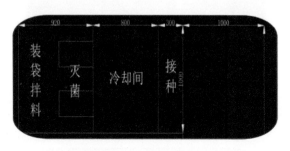

图 3-113 绘制工厂布局

3. 结果记录

（1）记录大致的生产流程，各个车间的职能以及注意到的细节。

（2）写出此次参观的感想以及对食用菌工厂化生产的认识。

4. 注意事项

（1）注意工厂是否允许拍照，要特别注意礼貌。

（2）注意工厂中的细节，将数据精细化，随身携带卷尺，对需要测量的数据进行测量。

第十五节　培养料含水量的测定方法

不同食药用菌菌丝生长适宜的含水量不同，不同含水量的培养料用手紧握会出现不同的现象，这一现象在灭菌后也会有相应的表现，含水量的高低同样会影响菌丝的生长速度，在菌包剖面显示不同的状态。生产中料量大，添加水分在搅拌机中完成，每批料都需要进行含水量的测定，保证生产过程的稳定性。

1. 主要实验仪器与材料

木屑、麸皮、石灰、石膏、高压灭菌锅、菌袋、插棒、棉花、接种钩、超净工作台、恒温培养箱、微波炉、电子天平、磁盘。

2. 实验步骤

（1）测定原料的含水量，记录实验结果。

（2）配制50%、55%、60%、65%、70%的培养料，用手握培养料，记录现象（图3-114）；配制完成后的培养料进行含水量的测定，看是否与配制时相符合，记录实验结果。

图3-114　手握培养料

（3）将不同含水量的培养料装袋（图3-115），进行灭菌，灭菌后，取出培养料，观察现象并测定灭菌后的含水量与之前配制的有什么区别（图3-116），记录现象与含水量变化情况（表3-9）。

图3-115　将不同含水量的培养料装袋

图 3-116　灭菌后的菌袋

表 3-9　含水量变化记录表

配制含水量	配制后含水量（灭菌前）	灭菌后含水量
50%		
55%		
60%		
65%		
70%		

（4）将不同含水量的菌包进行接种，接种后两周，将菌包剖开，观察菌丝在不同含水量的菌包中的生长情况（图 3-117），记录现象得出结论。

图 3-117　不同含水量菌包中纵切菌丝情况

微波炉法：称取 100g 湿料，在高火下转 4~5min，2~3 次，中火下转 3~4min，3~4 次，再在中火下转 2min，称重，再转 2min，再称重，直到与前次称重相同时，失去的水分就是湿料的含水量。

运用公式计算培养基的含水量：

$$W = \frac{M_1 - M_2}{M_1} \times 100\%$$

式中：W——含水量；M_1——称量培养料重量；M_2——剩余干重。

水分测量仪法：打开水分测量仪（图 3-118），取出 20g 砝码，放到样品盘上，看重量是不是显示 20.0000，以此来判定称重是不是正常。称重确认好之后，取样放入仪器，然后盖上加热桶，按"测试"按键，仪器灯亮开始工作。测试完后，仪器蜂鸣器响，按"显示"按键仪器停止报警；接下来，可按"显示"按键，依次查询水分值、测量时间、取样量等数据。

图 3-118 水分测量仪

3. 结果记录

（1）记录原料含水量，记录配制后含水量手握现象，测量含水量与配制时是否相符。

（2）记录灭菌前后含水量的变化，以及现象。

（3）描述不同含水量菌包中菌丝的生长情况。

4. 注意事项

（1）微波炉测定时，用瓷盘而不能用铁盘。

（2）要将大块的湿料压碎，避免烘干时因大小不均而发生糊焦（图 3-119），进而影响含水量的高低。

图 3-119　糊焦的培养料

（3）该微波炉测定含水量的方法，应根据微波炉功率的大小进行调试，而不能将该测定方法中涉及的分钟数严格恪守。

第十六节　培养基酸碱度检测

酸碱度是食用菌培养料的重要指标之一，不同的酸碱度影响菌丝的酶活性，进一步影响菌丝的生长速度以及状态，因此合适的酸碱度对于食用菌的栽培至关重要。

1. 主要实验仪器与材料

pH 仪（图 3-120）、pH 试纸（图 3-121）、高压灭菌锅、菌包、解剖刀。

2 实验步骤

液体培养基 pH 测定步骤如下。

（1）pH 仪校正：一般 pH 仪需要提前使用去离子水（图 3-122）进行校正。

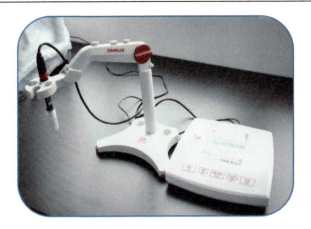

图 3-120　pH 仪

图 3-121　pH 试纸

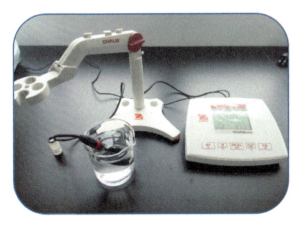

图 3-122　去离子水校正

（2）润洗：校正后，使用待测培养基对 pH 仪探头进行润洗（图 3-123）。

图 3-123　探头润洗

（3）测 pH：将探头插入待测培养基中，等待 pH 仪上产生"〇"，表示已经稳定，进行读数，即所测培养基的 pH（不同 pH 仪使用时方法稍有差异，具体以使用说明书为准）。

（4）调 pH：一般使用 1mol/L HCl 和 1mol/L NaOH 溶液进行 pH 的调节，50mL 的培养基边加 NaOH 溶液边测并进行记录（表 3-10），调节至所需要的 pH。

表 3-10　NaOH 溶液添加与培养基 pH 变化

原 pH	1 滴	2 滴	3 滴	4 滴	5 滴	6 滴	7 滴	8 滴	9 滴

固体培养料 pH 测定步骤如下。

（1）未灭菌培养料：一般采用试纸检测法，撕下一块试纸，将表面培养料拨开，在约 3cm 处以拇指按试纸至试纸湿润（图 3-124），观察变化稳定后的颜色，与标准比色卡对比，读出读数并记录。

（2）灭菌后：一般使用试纸检测法，撕下一块试纸，用小刀将菌袋中部划开，拨开表面培养料（图 3-125），以拇指按试纸至试纸湿润，观察变化稳定后的颜色，与标准比色卡对比，读出读数并记录（表 3-11）。

图 3-124　试纸测培养料 pH

图 3-125　取菌袋内培养料测 pH

表 3-11　培养料灭菌前后 pH 变化

培养料	灭菌前	灭菌后
pH		

3. 结果记录

（1）记录使用 1mol/L HCl 和 1mol/L NaOH 溶液进行 pH 的调节，每加一滴时，pH 的变化。

（2）记录灭菌前后培养料 pH 的变化。

4. 注意事项

（1）使用 pH 仪读数时一定要等到其稳定后再读数，有些 pH 仪没有"〇"，因此要等待时间较长。

（2）使用 1mol/L HCl 和 1mol/L NaOH 溶液进行 pH 的调节时，安全起见，一定要戴一次性橡胶手套。

（3）配制培养料时一般比菌丝生长适合的 pH 要高，灭菌后 pH 会下降，在菌丝生长过程中 pH 也会下降，一般高于适宜 pH 1～1.5。

第十七节　培养基灭菌效果检测

栽培过程中，菌包灭菌后应处于无菌状态，取不易灭透的菌包中部大块培养料进行回接，将其回接于 LB 斜面培养基中做好标记，置于恒温培养箱进行培养，每隔 24h、48h、72h 进行实验记录，若灭菌彻底，在培养基中不会出现菌落（图 3-126），若灭菌不彻底会在培养基中形成菌落（图 3-127）。

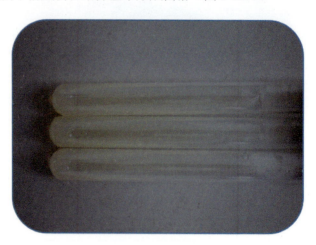

图 3-126　灭菌彻底

1. 主要实验仪器与材料

LB 斜面培养基、灭菌后的菌包、超净工作台、酒精灯、酒精棉、打火机、接种钩、解剖刀、橡胶手套、记号笔等。

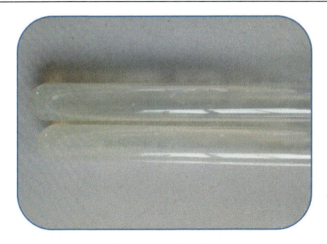

图 3-127　灭菌不彻底

2. 实验步骤

（1）细菌试管斜面培养基的准备：按照本章第三节的方法制作培养基，分装试管，121℃高压蒸汽灭菌 30min。然后摆试管斜面，冷凝后即可使用。

（2）将准备好的试管、灭菌后的菌包、酒精灯、酒精棉、打火机、接种钩、解剖刀、橡胶手套、记号笔放入超净工作台中，打开紫外灯，杀菌 30min。

（3）待紫外线灭菌结束后，关闭紫外灯，打开风机，进行合适的风量调节。

（4）操作人员开始回接测试，用 75%酒精棉擦拭双手，点燃酒精灯，灼烧接种钩至红热状态，在超净工作台中冷却。接着灼烧解剖刀，趁刀热划开菌包袋中间部位（呈等腰三角形）（图 3-128），用冷却好的接种钩从划口的地方取菌包靠中间的大料块回接到试管中（图 3-129），每个菌包回接两支试管。

（5）菌包回接完成后，将试管做好标记。

（6）将解剖刀、接种钩用酒精棉擦拭，并用酒精灯灼烧，置于超净工作台上即可。清理操作过程中产生的杂物，并用酒精棉重新擦拭一遍超净工作台台面，结束后关闭超净工作台。

（7）将试管置于 37℃的恒温培养箱进行培养，每隔 24h、48h、72h 进行实验记录，记录结果。

图 3-128　回接划口

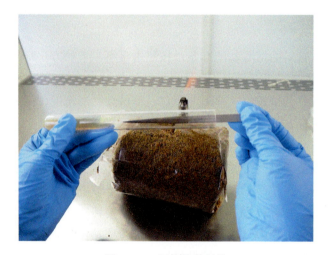

图 3-129　回接培养料块

3. 结果记录

（1）记录回接的培养料在 LB 培养基试管中是否产生菌落。
（2）记录菌落产生的时间，并进行描述。

4. 注意事项

（1）细菌斜面培养基应静置观察一天，避免因试管培养基未灭菌完全，而导致回接出现污染情况。
（2）紫外线对人体有害，操作人员应远离。

（3）为避免人体肌肤暴露在超净工作台中，减小人员操作误差，戴橡胶手套。

（4）回接菌包时，应取较大块的培养料，避免小块培养料灭菌完全，而大块物质因体积大，未灭菌完全。

第十八节 栽培包的制作

菌袋的填料高度和重量对于生产是至关重要的，尤其是菌袋的均一稳定性更加重要，菌袋填料低则不能充分利用菌袋的空间，过高则不便于扎口（图3-130）。填料量重主要影响产量，填料多产量高，填料少则产量低（图3-131）。菌袋填料量的稳定性对于菌丝生长、出菇时间的一致性具有较大影响，在工厂化生产中决定了生产条件的调控与栽培周期的长短。

图3-130 培养料过高

图3-131 培养料过低

1. 主要实验仪器与材料

菌袋、插棒、套环、无棉盖体（图 3-132）、卧式装袋机（图 3-133）、冲压式装袋机（图 3-134）。

图 3-132 无棉盖体

图 3-133 卧式装袋机

图 3-134 冲压式装袋机

2. 实验步骤

（1）手工装菌包，方法与木屑菌种的制作方法类似，使用插棒和套环、无棉盖体两种封口方式。

（2）使用卧式装袋机装菌袋 20 包。使用冲压式装袋机装袋 20 包。

（3）取制作好在流水线上的菌包，进行 100 包菌袋单包称重并测量高度（图 3-135）。

图 3-135 测量菌包重量和高度

（4）将记录的数据制成表格（表 3-12），进行统计并制成折线图。

表 3-12　菌包重量与高度统计（100 包）

菌包编号	1	2	3	4	5	……
重量（g）						
高度（cm）						

3. 结果记录

（1）记录单包重量和高度绘成表格及折线图。

（2）通过表格以及曲线图，分析装袋机的稳定性。

（3）记录一般食用菌使用的菌袋规格，如：17cm×33cm 菌袋，填料高度 20cm，填料量 1250g。

4. 注意事项

（1）在测量时要随机挑取菌包，不要特意地寻找合适的菌包。

（2）机械操作时，严格按照操作方法，注意安全。

第十九节　黑木耳催芽管理

木耳不同于肉质类食用菌，木耳属胶质类食用菌，其管理方式与肉质类食用菌存在一定的差异。黑木耳目前主要采用全日光露地栽培和大棚吊袋栽培两种模式。两种模式催芽原理是相同的，此阶段通过对温湿度的调节，促进原基的形成。

1. 主要实验仪器与材料

打孔机（图 3-136）、黑木耳菌包（完成发菌）、75%乙醇。

2. 实验步骤

（1）将事先准备好的打孔机做好调试，保证打孔深度在 5～8mm，孔间距和孔大小均匀一致。

（2）使用前用 75%乙醇对打孔机表面进行消毒处理。

（3）将完成打孔的菌包摆放在草帘或者毡子上，菌包 3～4 层高、2 趟为一垛，袋间距 10cm，袋口朝外菌包底部相对（图 3-137）。

图 3-136 打孔机

图 3-137 码垛管理

（4）在码好垛菌包上方覆盖一层塑料薄膜，薄膜上面再覆盖草帘或遮阳网，起保温、保湿及遮光的作用。

（5）催芽期间菌包需要倒垛两次，打孔 3～5 天，待打孔处菌丝开始恢复变白但未长满整个打孔处时（图 3-138），对菌包进行倒垛一次，打孔 7～8 天菌包打孔处原基开始形成（图 3-139），再次进行倒垛，上下菌包进行对倒，间距同码垛。

图 3-138　打孔处菌丝恢复

图 3-139　原基形成初期

　　（6）待原基大量形成后，全日光露地栽培需要将菌包分散，菌包间距 10cm 左右，保持菌袋表面始终保留一层薄薄的水珠；大棚吊袋栽培待原基形成后即可进行挂袋，棚内湿度控制在 80%～85%。

　　（7）催芽过程对氧气需求量较小，大棚吊袋栽培早晚各通风半小时即可。

　　（8）催芽最适温度 20～24℃，全日光露地栽培无法对温度进行控制，大棚吊袋栽培可以通过塑料膜的升降进行温度调节。

　　3. 结果记录

　　（1）记录催芽期间温湿度（表 3-13）。

表 3-13　催芽期间温湿度记录表

日期	空间温度			垛内温度			垛内湿度/空间湿度		
	早	中	晚	早	中	晚	早	中	晚

（2）记录原基形成数量、整齐度与湿度之间的关系。

（3）记录不同品种木耳从打孔至原基形成的时间差异。

4. 注意事项

（1）打孔时，打孔机不宜调得过紧，否则易形成袋料分离现象。

（2）打孔后菌丝恢复新陈代谢加快，产生大量生物热，此阶段严格控制温度的变化，垛间温度切忌超过 26℃，否则易形成菌包伤热情况。

（3）在催芽过程中，浇水保持少浇勤浇的原则，不宜一次浇水过多。

（4）避免高温浇水，温度偏高时，可一边浇水一边通风。

第二十节　黑木耳出耳管理

黑木耳在出耳过程中，对温光湿均有要求，通过干湿交替的浇水方式来促进耳片的形成及生长。

1. 主要实验仪器与材料

完成催芽菌包、出耳大棚（配套浇水设施）。

2. 实验步骤

（1）耳片分化期（图 3-140）始终保持湿度在 85% 左右，防止产生憋芽和耳片相连现象。

（2）加强通风，防止高浓度 CO_2 造成耳片畸形。

（3）避免高温，对于大棚吊袋栽培，当温度高于 24℃ 时，在棚顶浇水进行降温处理。

（4）当耳片分化至 1cm 大小时，停止浇水，晒袋 2～3 天（图 3-141），待耳片干透后再次浇水。

图 3-140　耳片生长

图 3-141　晒袋

（5）晒袋后浇水避开高温时期，应安排在下午 5 点后至次日 3 点前进行浇水。

（6）浇水时保证耳片全部湿透，每次浇水 10～20min，控制棚内湿度在 90% 左右。

（7）此阶段需要大通风，可全天进行通风处理。

3. 结果记录

（1）详细记录出耳期间温湿度的变化。

（2）记录每潮采耳数量及转潮期。

4. 注意事项

（1）高温时切忌浇水。

（2）避免菌袋内流"红水"。

（3）塑料不宜撤得过早，否则易形成木霉污染。

第二十一节　黑木耳段木栽培

段木栽培黑木耳与代料栽培黑木耳原理是相同的。

1. 主要实验仪器与材料

柞树木段、手提式电钻、小锤、玉米芯、一次性手套、75%乙醇。

2. 实验步骤

（1）场地选择：耳场要通风良好，要背风向阳、保温保湿，昼夜温差不要太大。耳场的土质最好是沙土或者沙壤土，选择不积水的土质，地面最好铺上一层塑料薄膜（带有小孔的），防止在对段木浇水时泥土飞溅，影响黑木耳的质量。耳场消毒，将耳场清理及整理之后对耳场进行消毒，一般用5%的漂白粉溶液进行喷洒，或者撒上一些白石灰。

（2）材料准备：种植前一年的11月对木材进行采伐，码"井"垛，第二年4月即可使用。

（3）接种：当气温稳定在15℃左右时，可以进行接种工作。种穴深度一般为2cm左右，直径以1～1.5cm为宜，每行菌种点必须在同一条直线上，行与行之间可以在一条直线上也可以呈"品"字排列，株距选择5～8cm，行距选择4～6cm。

（4）接种前使用75%乙醇对菌种表面及接种工具进行消毒，将菌种用消过毒的镊子捣碎，使菌种进入打好的空穴内，用手压实，菌种上方用玉米芯或者薄木片进行封口。

（5）接种好的段木进行平放，在地面上先放石块垫起一定高度，最底层铺上塑料布，然后堆放段木。在堆的上中下各放置一个温度计，温度不得超过26℃，温度过高及时进行降温处理，可以通过通风或者通过向堆周围浇水以降低温度。

（6）待菌丝长入段木，将其搭成"人"字形，排列前对地面进行除草及消毒处理。排列初期，5天左右喷一次水，随气温升高，增加喷水频率。每隔7天左右要翻堆一次，将段木的正反面进行颠倒，使段木受阳光照射均匀。

（7）在段木上有 80%左右耳芽产生后，在早上和下午进行喷水，喷足，喷细（保持空气湿度在 90%～95%），喷水原则为多次少量。待大部分木耳成熟时，停止喷水。采收后，阳光照射 3～5 天，木耳表面干燥，断面出现裂缝，再进行喷水（第一次喷浇大水，使耳木湿透），出耳。

（8）进入冬季前，首先清除残留在耳木上的杂菌。随气温下降，木耳会停止生长。在地上放两根枕木，然后将耳木横放在枕木上，两头架空。到第二年 3 月、4 月，气温回升，待耳芽形成后起架，进行出耳。

3. 结果记录

（1）记录每立方米木材需要的菌种量。
（2）记录木材直径与产量间的关系。
（3）段木栽培出耳可持续 2～3 年，记录每年产量。

4. 注意事项

（1）在菌丝定植期间需要对段木进行翻动，保证阳光照射均匀。
（2）段木栽培属开放式管理，如遇雨天需要停止浇水。
（3）耳片成熟后及时采摘。
（4）高温时期停止浇水，防止"流耳"现象发生。

第二十二节　一次发酵

发酵料是在双孢蘑菇、草菇等草腐菌生产中必不可少的原材料，一次发酵又是发酵料制作过程中最重要的一个过程，一次发酵通过预湿麦草与鸡粪、混合堆置、翻堆等几个步骤，初步对所需要的材料进行发酵，为二次发酵做准备。一次发酵的主要目的是软化植物材料，增加持水力，在微生物作用下，将培养料中复杂的物质分解为易被草腐菌吸收的碳水化合物，并产生大量的氨气。

1. 主要实验仪器与材料

麦草、鸡粪、石灰、石膏、铁锹。

2. 实验步骤

国内传统方法如下。
（1）粪草比例：首先要根据原材料的营养成分以及发酵料初始 C/N 30～33∶1

的原则进行粪草搭配，与此同时进行石灰、石膏的添加。

（2）粪草预处理：一般粪会打成匀浆状，添加适量的石膏，如果含氮量低可以加入硫酸铵或者尿素进行补充。草料一般会建成大堆，喷水进行加湿。

（3）粪草混合建堆：预处理 3 天之后，一般是一层草一层粪进行建堆，直到达到所需高度，一般上边最后一层使用粪封面。建成 1.8m 宽、1.8m 高的料堆，干的部分可以适当增加水分。

（4）第一次翻堆：一般 3～4 天进行第一次翻堆（遵从温度降低进行翻堆的原则），翻堆过程中要充分抖松，一般表面的料翻到里面，底部的料翻到外面，重新建成长、宽均为 1.6m 的疏松的料堆。

（5）第二次翻堆：一般 6～7 天进行第二次翻堆，翻料原则同上。

（6）堆肥完成：一般 8～9 天，一次发酵完成送进菇房进行二次发酵。

（7）一次发酵料要求：含水量 73%～75%；氮含量 2%左右；灰分 20%～22%；C/N 约 20：1；氨气 2500～5000ppm[①]；pH 在 7.8～8.6。

现代工厂化一次发酵参观如下。

（1）粪草预处理（图 3-142、图 3-143）。

图 3-142　草预湿

---

① 1ppm=10^{-6}

图 3-143　粪预处理

（2）粪草混合（图 3-144）。

图 3-144　粪草混合

（3）进入一次发酵隧道（图 3-145、图 3-146）。

（4）翻堆（图 3-147）。

（5）出料，一次发酵料见图 3-148。

图 3-145　一次发酵隧道填料

图 3-146　填料中

图 3-147　翻堆

图 3-148　一次发酵料

3. 结果记录

（1）记录一次发酵结束后，培养料的基本参数如含水量、pH、氨气含量等。

（2）记录整个发酵过程中整个发酵程序以及料堆的温度变化，绘制成折线图。

（3）记录发酵过程中，料堆的颜色变化以及质地的变化。

4. 注意事项

（1）料堆底部要留有通气的空间，避免厌氧发酵，导致培养料变酸变臭。

（2）注意翻堆时间，料堆温度下降，微生物活动下降则需要进行翻堆，补充氧气使得微生物继续活动繁殖。

（3）注意粪草比例，虽然粪草比不是碳氮比，但当原料稳定时，粪草比会起到和碳氮比相同的作用。

第二十三节　二次发酵

二次发酵（图 3-149、图 3-150）是在 20 世纪 70 年代由张树庭教授引进国内的。其主要包括巴氏消毒和控温两个阶段，主要目的在于杀死有害微生物，培养有益微生物，消除小分子糖类，将氨气转化成蛋白质。

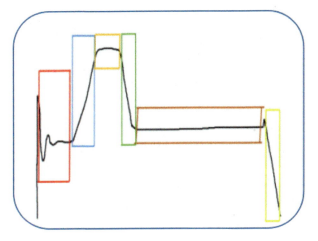

图 3-149　二次发酵过程示意图

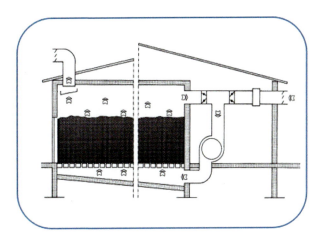

图 3-150　二次发酵隧道示意图

1. 主要实验仪器与材料

二次发酵隧道、一次发酵料等。

2. 实验步骤（以工厂化生产为例）

（1）填料：将发酵好的一次发酵料使用摇头式填料机（图 3-151）填料，装填方式类似于垒砖的方式。

图 3-151　摇头式填料机

（2）均温期（红框显示区域）：填料之后首先调节堆肥内以及堆肥与空气的温差，开大风机将温度稳定在 42～45℃，时间在 6～24h。

（3）升温期（蓝框显示区域）：当料温稳定之后，以温度每小时升高 1～1.5℃进行升温，直到 56℃。

（4）巴氏消毒（橙框显示区域）：当气温升高到 56～58℃，料温升高到 60℃开始巴氏消毒，时间持续 6～8h。

（5）降温期（绿框显示区域）：当巴氏消毒完成后，以每小时 3℃的速度将料温降低至 46℃（气温），料温 48℃。

（6）控温期（棕框显示区域）：当料温下降到 48℃后进入控温阶段，时间维持 5～6 天。

（7）降温期（黄框显示区域）：控温阶段结束后，缓慢降温将温度降低到 30℃以下，即可接种。

（8）二次发酵料（图 3-152）要求：含水量 68%～71%；含氮量 2.1%～2.3%；氨气含量低于 5ppm；pH 在 7.4～7.6；灰分低于 27%；C/N 在 17：1 左右。

3. 结果记录

（1）记录二次发酵料完成后，堆肥的含水量、pH、含氮量、碳氮比等参数。

（2）记录二次发酵过程中温度的变化并绘制成曲线图。

（3）记录二次发酵过程中发酵料的体积变化。

图 3-152　发酵好的二次料

4. 注意事项

（1）二次发酵主要包含巴氏消毒和控温两个阶段，注意控制巴氏消毒的温度在 58～62℃，不能太高也不能太低。

（2）当一次发酵料进入二次发酵隧道之后，一定要均衡温度，降低温差，否则会出现温度不易控制的情况。

（3）二次发酵的环境尤为重要，还要在这个过程中进行接种，因此要注意二次发酵隧道场所的卫生。

第二十四节　双孢蘑菇出菇管理

每种食用菌都有其适宜生长的环境条件，双孢蘑菇也是一样，在生产过程中温度、湿度、CO_2、通风等都会对蘑菇的质量和形态产生影响，如低温刺激会使产生的菇蕾变多，温度高菌丝会生长过剩，风速过大，吹在菇体表面会产生鳞片，这些都是生产中必须注意的问题。

1. 主要实验仪器与材料

塑料筐、三次发酵料、覆土、水壶、温湿度计、CO_2 测试仪、游标卡尺、相机等。

2. 实验步骤

（1）养菌（图 3-153）阶段：主要是控制温度和湿度，整个过程在避光环境中进行，由于双孢蘑菇发酵料不同于传统食用菌栽培，整个表面都暴露在外边，所以需要保持湿度，一方面保持空气湿度，另一方面在发酵料表面覆盖报纸或者塑料薄膜。温度一般控制在料内 24～25℃，湿度 60%～70%。

图 3-153　双孢蘑菇养菌

（2）覆土（图 3-154）：一般是在菌丝长满后进行覆土，覆土之前使料面变干一些，这样会促进菌丝向覆土中生长。

图 3-154　覆土后

（3）吊菌丝：覆土之后一般会浇水 3 天左右，使覆土达到一定的含水量，与此同时要关闭通风口，增加菇房的 CO_2 浓度，促进菌丝向覆土中生长，一般 6～7 天，菌丝就会长到覆土表面（图 3-155）。

图 3-155　菌丝爬上料面

（4）降温（图 3-156）：菌丝长到覆土表面之后，开始降温刺激出菇。双孢蘑菇一般降温至 18℃刺激其出菇，温度每天下降 1.5℃；与此同时加大通风将 CO_2 浓度下降到 1000ppm 左右，促使原基形成。

图 3-156　降温时机

（5）出菇管理：一般在 13 天左右形成小菇蕾（图 3-157），之后保持菇房湿度继续管理，待原基出现之后温度可逐渐升高一些，一方面促进菇蕾的生长，另一方面拉开层次性，提高品质。一般至 18 天采菇（图 3-158）温度可升高到 21℃。

图 3-157　菇蕾形成

图 3-158　采收时期

（6）转潮管理：一般采完一潮菇 5～6 天，之后进行潮间管理，去除上一潮次的倒菇、小菇等，二、三潮菇要注意污染情况等。

3. 结果记录

（1）记录每天采收的蘑菇产量，观察同潮之间以及潮次之间蘑菇产量的变化。

（2）记录每天出菇环境的温度、湿度、CO_2 浓度以及菇床的变化。

（3）记录每个阶段持续的时间，并记录蘑菇栽培过程中出现的一些问题。

4. 注意事项

（1）注意降温的时机，如果降温过早形成原基位置较低，蘑菇会较脏；如果降温过晚会形成菌被，减少出菇从而降低产量。

（2）注意杂菌污染，采收同一菇房的不要去其他菇房以免交叉感染。

（3）采收后的工作服装要统一进行杀菌，避免杂菌传播，造成损失。

（4）注意采收，采收的好坏极大地影响了产量的高低，因此采收工的培训尤为重要。

第二十五节　食用菌工厂化生产

一、食用菌工厂化生产工艺流程

食用菌工厂化生产工艺流程如下。

搅拌机——培养料装瓶（装瓶机、盖盖机）——物流搬筐（搬筐机）——灭菌（脉动真空灭菌器）——接种（液体、固体接种机）——物流至培养房（天车）——搔菌（侧翻自动搔菌机）——生育——采收——挖瓶（气动挖瓶机）。

二、以金针菇为例说明木腐菌生产工艺

1. 培养料配制

栽培料无霉变、虫蛀、无泥石杂质。主要配方：以木屑或玉米芯为主要原料，以麸皮、米糠或玉米粉等为辅料，注意吸水力的检测。例如配方：玉米芯 35%、棉籽壳 20%、木屑 10%、麸皮 30%、玉米粉 3%、轻质碳酸钙 1%、石灰 1%。松木屑在原料场需堆积发酵 2 个月以上，用前喷水淋湿使有害物质随水流失后再使用（图 3-159）。玉米芯在使用前，提前 5h 预湿，无硬心为准，以防较大颗粒引起灭菌失败，可放入 3% 的石灰防酸败。尽可能提高内含水。

2. 搅拌

培养料按配方倒入大型搅拌机（图 3-160）中混合均匀。注意水质及均匀性、干拌时间，注意搅拌到装瓶时间不要超过 4h，以不酸败为主，可以加石灰等碱性基质，采用控制温度和水分等方法防酸败。

图 3-159　原料

图 3-160　搅拌机

3. 装瓶

　　由全自动装瓶机完成，装瓶机具有传输、装瓶、打孔、压盖一体的功能（图 3-161）。栽培时以 1200mL、口径 80mm 的聚丙烯塑料瓶为例，瓶盖配有过滤膜，装瓶要求重量上下不超过 15g，上紧下松。

图 3-161　装瓶机

4. 灭菌

装瓶后的瓶筐通过搬筐机（图 3-162）放入灭菌车上，常压或高压灭菌均可。高压灭菌时，培养料在 120℃保温 1.5～2h，具体灭菌时间随灭菌锅内的栽培瓶数量、培养料的含水量等的变化而变化，配合活菌数及蛋白质变性确定某配方的最佳灭菌时间（图 3-163）。

图 3-162　搬筐机

图 3-163　灭菌器

5. 冷却

灭菌的时间到达后，等压力下降到常压，常压灭菌时等温度下降到95℃以下时即可开门，灭菌物进入冷却室，经过强冷、一冷、二冷，使料温下降至25℃以下，以便接种。

6. 接种

液体菌种来源于发酵装置及摇床（图3-164）。自动接种机有固体接种机（图3-165）和液体接种机（图 3-166），一般固体接种量为 10g 左右，液体接种量为15mL 左右，视菌种活性强弱和生物量大小而决定，接种面大、均匀。接种室保持16～18℃。

图 3-164　摇床

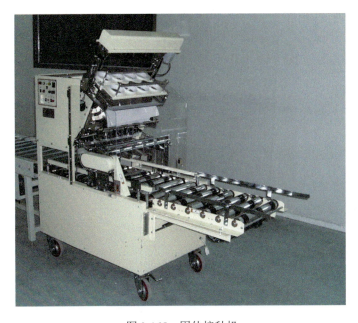

图 3-165　固体接种机

图 3-166　液体和固体接种线

7. 培养

前 5 天培养室温度为 18～20℃时定植（图 3-167），湿度保持在 70%～80%，CO_2 浓度控制在 3000ppm 以下，后期发菌 14～16℃，以瓶内温度低于 22℃为调整核心，菌菜基地发菌时间约 30 天。

图 3-167　培养室

8. 搔菌

　　发菌完成后，通过传输进入搔菌间用搔菌机进行搔菌（图3-168），平搔深度为瓶肩上线位置，搔菌能够阻断营养生长，促进生殖生长，且能出菇整齐。搔菌完后注入8～10mL纯净水。

图3-168　搔菌机

9. 催蕾

　　催蕾时温度保持在13～14℃，湿度90%～95%，CO_2浓度控制在1500ppm以下，并且每天给以1小时的100lx以下的散射光，5～7天形成针头大小的淡黄绿色水滴或被菌膜，经过8～10天后即可现蕾。

10. 抑制

　　当菇蕾长至0.5cm长时，移到抑制室，温度为4～6℃，湿度为80%～90%，采用抑制机，通过光照和吹风实现抑制，这种条件下生长快的子实体受抑制较为明显，小的菇能够生长，从而达到生长一致的目的。

11. 生育

　　幼菇经抑制后即可转移至生育室（图3-169），通过温度、湿度、CO_2浓度传感器感知菇房的条件（图3-170），并通过控制箱控制强电和弱电信号，来实施各种条件的反馈和调控。生育室的温度为 7～9℃，湿度为 75%～80%，CO_2 浓度控制在 1500ppm 以下。待幼菇长出瓶口 2～3cm 时，即时套上纸筒，以使小范围内的 CO_2 浓度增加，从而起到促柄抑盖的效果，经一周的时间菇可长到筒口的高度（13～14cm）。温度控制在 6～8℃，空气相对湿度控制在 80%～85%，CO_2 浓度控制在 4000ppm 以上。

图 3-169　生育室

图 3-170　传感器

12. 采收及包装

菇长出瓶口 13～14cm 时，伞直径大多数约小于 0.7cm，即可采收及包装（图 3-171）。这是在一个干净低温的房间里操作的。鲜菇一般以抽真空的包装鲜销为主，根据市场需求，分切根和不切根两种。

图 3-171　采收及包装

13. 挖瓶

菇采收后由挖瓶机挖去废料（图 3-172），清洗、干燥后即可进入下一轮循环。

图 3-172　挖瓶机

第四章　食用菌发酵培养

一、超净工作台使用说明

（1）将无菌操作所需用具如酒精灯、接种环、接种铲、酒精棉以及培养基等放入超净工作台中。

（2）使用前 30min 用 75%乙醇擦拭工作台，打开紫外灯，同时关闭照明灯和无菌风，照射 30min。

（3）使用前 10min 将风机启动，调整风量，关闭紫外灯，打开照明灯进行无菌操作。

二、接种

将接种环或接种铲在酒精灯外焰灼烧灭菌，冷却后，挖取菌种接种于液体种子培养基内（图 4-1）。

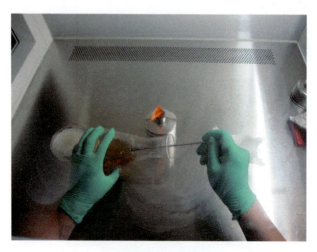

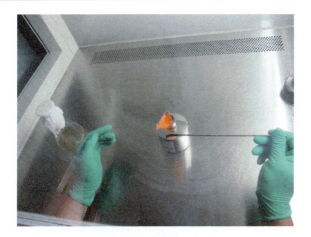

（2）

（3）

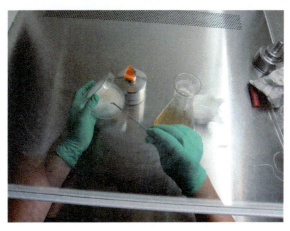

（4）

（5）

（6）

图 4-1　接种

三、培养

将接种后的种子液在适合的温度下（食用菌培养一般在 25℃左右）振荡培养。

四、最佳碳源筛选

碳源是构成微生物细胞和代谢产物中碳素来源的营养物质，是食药用菌发酵中使用的的主要原料之一。在最佳碳源筛选时，可分别以相同接种量将种子液接入不同碳源培养基（图 4-2）中，如葡萄糖、蔗糖、乳糖、可溶性淀粉、纤维素粉、麦芽糖、甘露糖等，在适宜温度下进行振荡培养后，对食用菌发酵目的产物进行产量或活性测定，以确定最佳碳源。

图 4-2　摇床振荡培养筛选最优碳源培养基

五、最佳氮源筛选

氮源是指构成微生物细胞和代谢产物中的氮素来源的营养物质。其主要功能是构成微生物细胞和含氮的代谢产物。在筛选食用菌发酵最优氮源时，可分别以相同接种量将种子液接入不同氮源培养基（图 4-3）中，如蛋白胨、酵母浸粉、牛肉膏、硫酸铵等，在适宜温度下进行振荡培养后，对食用菌发酵目的产物进行产量或活性测定，以确定最优氮源。

图 4-3　摇床振荡培养筛选最优氮源培养基

六、发酵温度对食用菌发酵的影响

发酵温度对食药用菌发酵具有重要影响。不同菌种最适发酵温度有所不同，为明确食药用菌发酵最适问题，在实际工作中，通常在不同温度下对食用菌进行发酵培养，并分别测定其发酵产物的产量或活性，来考察发酵温度对食用菌发酵的影响。

七、pH 对食用菌发酵的影响

培养基的 pH 值对食药用菌的生长和代谢产物的合成同样具有较大影响。为使食药用菌发酵在最适 pH 下进行，通常要对其进行筛选。可分别在不同 pH 下对食用菌进行发酵培养（图 4-4），并分别测定其发酵产物的产量或活性，来考察 pH 对食用菌发酵的影响。

图 4-4　摇床振荡培养筛选最优发酵 pH

八、发酵罐放大培养

在发酵罐培养前，首先要进行食药用菌液体种子培养。图 4-5 和图 4-6 分别为接种第 1 天和第 5 天的发酵状态。在第 10 天种子液发酵完成后（图 4-7），通过匀速搅拌器将聚集的菌丝体分散，便于后续接种（以桑黄发酵为例，不同食用菌发酵状态会有差别）。

图 4-5 种子液接种第 1 天　图 4-6 种子液接种第 5 天　图 4-7 种子液接种第 10 天

接种前，液体发酵培养基要提前加入发酵罐中，并进行高温高压灭菌。接种时，在火焰下对发酵罐进行种子液接种（图 4-8）。

图 4-8 种子液发酵罐接种

液体发酵过程中，通过视窗每日观察发酵状态（图 4-9），通过排气孔判断气味是否异常（发酵液状态应清澈，菌丝体每日逐渐变大变密，无酸臭、腐败、酒精气味）。此外，发酵期间需要定期对发酵罐进行取样检测，并用火焰对取样孔进行处理（图 4-10）。

图 4-9 发酵罐视窗观察　　　　　　　4-10 火焰消杀

将消杀后的取样管接入取样孔，并将另一端放入超净工作台中紫外杀菌，并在超净工作台中取样（图 4-11），可对样品进行显微镜观察，判断是否存在染菌情况。

图 4-11　超净工作台取样

发酵完成后，可将发酵样品通过放料管（红色箭头指示部分）放出，或转入提取、浓缩设备中进行后续加工处理（图 4-12）。

图 4-12 放料

第五章 菌物化学实验

菌物在生长过程中产生多种次生代谢产物，如多糖、三萜、黄酮、生物碱、有机酸等，采用适当的菌物化学成分提取、分离纯化、结构分析，可获得相应的化合物组分及单体化合物，用以科学研究及相关产品的生产。

第一节 菌物化学成分提取

根据菌物化学成分的性质可对其所含成分进行提取，应用最为广泛的提取方法有：热（回流）提取法、超声提取法和微波提取法。实际应用时，可根据需求选择一种方法或多种方法联合提取。为了保证化学成分的提取效率、样品利用度及测定的准确度和精确度，需在提取前对样品进行适当准备工作，如干燥、粉碎、称量等。

一、提取前的准备工作

（一）样品干燥

菌物尤其是香菇、金针菇等食用菌，样品含水量较大，提取前需进行干燥，以除去水分仅留存干物质，不仅方便样品的长期保存，而且为后续计算化合物含量等提供精确的干重。

1. 仪器设备

（1）电热恒温鼓风干燥箱（图 5-1）：样品干燥最常用设备，是利用热干燥的设备。其箱体通常由钢薄板构成，外壳采用静电喷涂工艺，箱体内有放置试品的工作室，工作室内有试品隔板，试品可置于其上进行干燥，工作室内与箱体外壳有相当厚度的保温层，其中以硅棉或珍珠岩作为保温材料。箱门间有一玻璃门或观察口，以供观察工作室情况。箱内工作室与保温层之间有风道，装有鼓风风叶及导向板，开启电机开关可使鼓风机工作。

图 5-1 电热恒温鼓风干燥箱

（2）冷冻干燥机（图 5-2）：冷冻干燥的常用设备。冷冻干燥又称升华干燥，是将物料冷冻至水的冰点以下，并置于高真空的容器中，通过供热使物料中的水分直接从固态冰升华为水汽的一种干燥方法。冷冻干燥机由制冷系统、真空系统、加热系统、电器仪表控制系统所组成，主要部件为干燥箱、凝结器、冷冻机组、真空泵、加热/冷却装置等。

图 5-2 冷冻干燥机

2. 操作步骤

1）烘干

（1）接通电源，如图 5-3 所示。

将电源插头插入墙壁插座中，并打开仪器开关。

图 5-3　接通电源

（2）设定烘干温度，如图 5-4 所示。

按动温度调节键，设定所需温度。

图 5-4　设定烘干温度

（3）平铺样品，如图 5-5 所示。

将干燥样品平铺于平皿、搪瓷盘等器皿中。

图 5-5　平铺样品

（4）放入恒温干燥箱中，如图 5-6 所示。

　将样品放入搪瓷盘、烧杯等容器中，并将其放入设定好温度、时间的恒温干燥箱中，关闭烘箱门，对样品进行烘干。

图 5-6　放入恒温干燥箱

（5）取出干燥后样品，关闭恒温干燥箱电源，如图 5-7 所示。

待样品干燥至无水时，将其从恒温干燥箱中取出，并关闭仪器开关，断开电源。

图 5-7　断开电源

2）冷冻干燥

（1）样品预冻：在冷冻干燥（图 5-8）前，样品需倒入或放入冷冻盘、培养皿或玻璃瓶中进行预冻，如有条件最好将样品放在液氮或–80℃冰箱中预冻，使样品冻实。需注意，所装液体厚度 1cm 以下为宜。

图 5-8　冷冻干燥

（2）检查泵油（图5-9）：冷冻干燥机开机前，需先对真空泵中的真空泵油多少进行检查，泵油位置需位于油镜1/2以上。

图5-9　检查泵油

（3）打开电源开关（图5-10）：打开冷冻干燥机电源，打开开关。

图5-10　打开电源开关

（4）冷阱预冷（图5-11）：设定冷冻干燥的程序，并打开制冷机开关，进行冷阱预冷。

图 5-11　冷阱预冷

（5）放入样品（图 5-12）：待冷阱预冷 30min 后，将预冻好的样品从冰箱中取出，放置在冷冻干燥机的样品隔板上。

图 5-12　放入样品

（6）盖上真空罩（图 5-13）：盖上真空罩，注意应与密封圈位置对准。

（7）关闭充气阀（图 5-14）：按下快速充气阀上的不锈钢按片，听到咔嚓声后，将快速充气阀接嘴拔出来，以自动密封。

图 5-13 盖上真空罩

图 5-14 关闭充气阀

（8）打开真空泵（图 5-15），开始冷冻：按下"真空计"开关，并启动真空泵，可双手向下用力压紧真空罩，利于形成真空状态，开始冷冻干燥，冷冻时间不宜超过 24h，且整个过程切勿频繁开关。

（9）冻干完成后充气（图 5-16）：待样品干燥完成后，将快速充气阀接嘴插入快速充气阀座，充气过程应缓慢进行，以免损坏真空机。同时关闭真空泵电源开关，使空气缓缓进入冷阱；如需充入惰性气体，则将惰性气体的减压导管连接"充气口"。

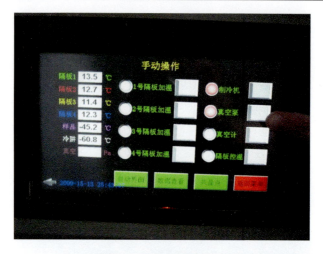

图 5-15　打开真空泵

图 5-16　冻干完成后充气

　　（10）关闭电源开关（图 5-17）：关闭真空计和制冷机电源开关，如长期不用应拔掉电源线。

　　（11）取出样品（图 5-18）：缓慢打开真空罩，取出样品。

　　（12）清理内壁（图 5-19）：移开样品隔板，使冷阱中的冰融化，将水从放气阀处排出，擦干冷阱内壁。将样品隔板、真空罩恢复原位。

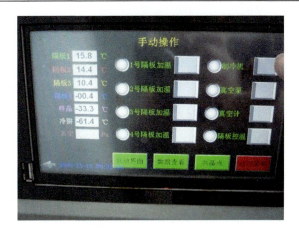

图 5-17　关闭电源开关

图 5-18　取出样品

图 5-19　清理内壁

（二）粉碎与过筛

为提高样品溶出度、提取效率，样品应适度粉碎。粉末不宜太细，以免对后续步骤造成困难；但是也不宜太粗，造成样品溶出不完全、速度慢。对粉碎后的样品进行精确称量，即可进行提取实验。

1. 仪器设备

粉碎设备有粉碎机、研磨机、研钵等，最常用的为粉碎机。粉碎机是将大尺寸的固体原料粉碎至要求尺寸的机械。根据被碎料或碎制料的尺寸可将粉碎机分为粗碎机（60 目以下）、粉碎机（60～120 目）、超细粉碎机（120～300 目）和超微粉碎机（300 目以上）。

2. 操作步骤

以实验室常用的台式小型粉碎机为例，另需准备已干燥样品、药筛、瓷盘、白纸、样品袋（图 5-20）、刷子、记号笔等。

图 5-20　工具准备

（1）装料，如图 5-21 所示。

将干燥后的待粉碎样品装于粉碎机中。

图 5-21　装料

（2）关盖，如图 5-22 所示。

盖上粉碎机盖子，并扣好安全扣。

图 5-22　关盖

（3）粉碎，如图 5-23 所示。

接通粉碎机电源，打开粉碎机开关，进行样品粉碎。可在粉碎过程中摇动机体，使机内样品充分混匀。

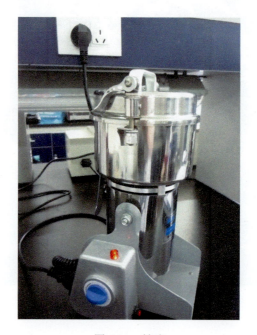

图 5-23　粉碎

（4）关闭电源，开盖，如图 5-24 所示。

粉碎结束后，关闭粉碎机开关，并断开电源。

图 5-24　关闭电源，开盖

（5）倒出样品，如图 5-25 所示。

将粉碎后样品倒出于搪瓷盘、烧杯、药筛等容器中。

图 5-25　倒出样品

（6）清理，如图 5-26 所示。

用小刷子清理残留在粉碎机内的样品，并将残留样品置于盛有粉碎后样品的搪瓷盘、烧杯等容器内。

图 5-26　清理

（7）过筛，如图 5-27 所示。

将粉碎后的样品粉末，根据需要倒入相应目数药筛中。摇动药筛，滤过的样品粉末盛于瓷盘中（内铺有白纸）。

图 5-27　过筛

（8）分装、记录及保存，如图 5-28、图 5-29 所示。

将滤过的样品粉末放入样品袋中,用记号笔在样品袋上注明样品名称及日期,密封保存于阴凉通风处。

图 5-28　分装

图 5-29　记录及保存

（三）称量

提取前需根据实验要求，对所需固体样品及试剂进行称重；对液体样品及试剂进行量取。

1. 仪器设备

（1）电子天平（图 5-30）：天平是一种衡器，是衡量物质质量的仪器，天平的准确性由标准器具砝码判定。天平种类很多，如机械式、电子式、手动式、半自动式、全自动式等，电子分析天平在现今的实验室中应用最为广泛。电子分析天平是传感技术、模拟电子技术、数字电子技术和微处理器技术发展的综合产物，与分析天平相比，电子分析天平可直接进行称量，不需砝码，操作快捷简便。常见的电子分析天平均是机电结合式的，由载荷接受与传递装置、测量与补偿装置等部件组成，具有自动校准、自动显示、去皮重、自动数据输出、自动故障寻迹、超载保护等多种功能。

（2）移液器（图 5-31）：又称移液枪，是一种用于定量转移小容量液体的器具（如需量取大容量的液体，可用量筒、量杯等器皿或选择合适量程的分液器），是被广泛用于生物、化学、临床诊断、药学、环境、食品等领域实验室的一种常用工具。移液器按移液是否手动分为手动移液器和电动移液器；按量程是否可调分为固定移液器和可调移液器；按排出的通道分为单道、8 道、12 道和 96 道工作站;按灭菌情况可分为不可灭菌、半支灭菌和整支灭菌;根据最大量程可分为 $0.1\sim$ 2.5μL、$0.5\sim10$μL、$2\sim20$μL、$10\sim100$μL、$20\sim200$μL、$100\sim1000$μL、$0.5\sim5$mL 和 $1\sim10$mL。使用时,需选择可满足液体移取体积量程且量程最为接近的移液器。

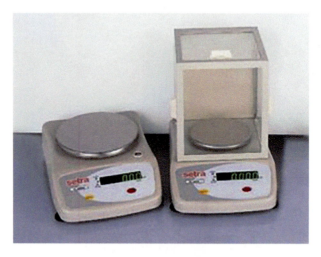

图 5-30　电子天平

图 5-31　移液器

（3）瓶口分液器（图5-32）：能够进行精确的高重复性的分液操作，而不浪费试剂；当处理一些具腐蚀性的液体或溶剂时，提供安全保证。此外，还能够耐高温高压和抗化学腐蚀。适用于一般酸、碱试剂和低浓度的强酸、强碱以及盐溶液，如：H_3PO_4、H_2SO_4、NaOH、KOH 等。常用量程有 0.5～2.5mL、1～5mL、2～10mL、5～25mL 和 10～50mL。

图 5-32　瓶口分液器

（4）量筒（图 5-33）：量度液体体积的仪器。规格以所能量度的最大容量（mL）表示，常用的有 10mL、25mL、50mL、100mL、250mL、500mL、1000mL 等。外壁刻度以 mL 为单位，量筒的量程越大，管径越粗，精确度越小，由视线偏差所造成的读数误差也越大。所以，实验中应根据所取溶液的体积，尽量选用能一次量取的最小规格的量筒。

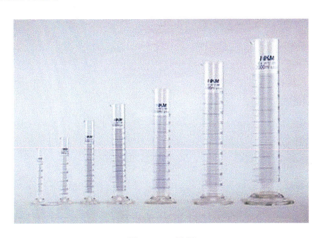

图 5-33　量筒

（5）烧杯（图 5-34）：一种常见的实验室玻璃器皿，通常由玻璃、塑料，或者耐热玻璃制成。烧杯呈圆柱形，顶部的一侧开有一个槽口，便于倾倒液体。有些烧杯外壁还标有刻度，可以粗略地估计烧杯中液体的体积。烧杯一般可以火焰加热，但是需在火焰上垫石棉网，使其均匀受热。

图 5-34　烧杯

2. 操作步骤

1）固体称重

（1）水平泡归中，如图 5-35 所示。

图 5-35　水平泡归中

　　称重前，需检查电子天平的水平气泡位置，若偏离中心，可通过调节电子天平底部的水平调节螺丝，使水平气泡位于中心，将电子天平调整至水平状态。

　　（2）接通电源，如图 5-36 所示。

　　接通电源，打开仪器开关。

图 5-36　接通电源

　　（3）去皮，如图 5-37 所示。

　　拉开称量室拉门，将称量纸置于称量台上。按归零键，使读数归零。

图 5-37　去皮

（4）称量样品，如图 5-38 所示。

用药匙小心将样品粉末缓慢移加至称量纸上。关闭称量室的拉门，待读数为稳定时读数（图 5-39），若未达到所需质量，可逐渐加入样品，直至读数显示的读数为所需要的质量。小心取出称量纸，将样品倒入烧杯中（图 5-40）。

图 5-38　称量样品

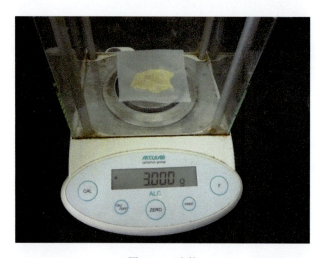

图 5-39　读数

图 5-40 将样品倒入烧杯

（5）关闭电源，如图 5-41 示。

关闭开关，切断电源。

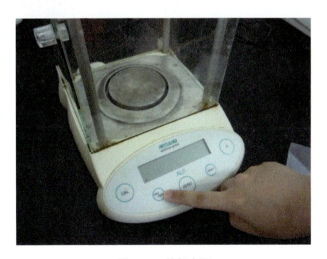

图 5-41 关闭电源

（6）清理，如图 5-42 所示。

使用小刷子将称量室清扫干净。

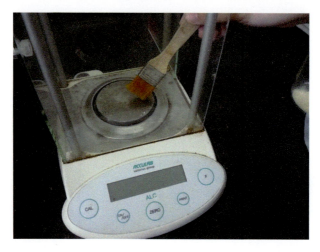

图 5-42　清理

（7）关闭称量室的拉门，如图 5-43 所示。

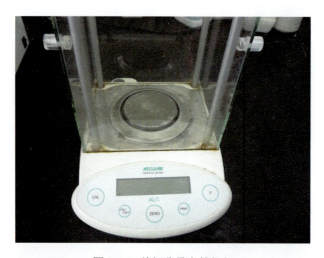

图 5-43　关闭称量室的拉门

2）液体量取（以移液器为例）

（1）设定移液体积，如图 5-44 所示。

选择量程合适的移液器，调节刻度为所需量取的体积。从大量程调节至小量程为正常调节方法，逆时针旋转刻度即可，但若从小量程调节至大量程时，应先调至超过设定体积刻度，再回调至设定体积，以保证移液器的精确度。

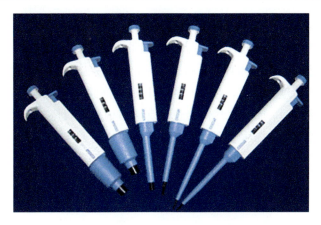

图 5-44　设定移液体积

（2）装配移液枪头，如图 5-45 所示。

将移液枪垂直插入吸头，左右旋转半圈，上紧即可。不可用移液器撞击吸头，长期错误操作会导致移液器的零件因撞击而松散，严重时会导致调节刻度的旋钮卡住。

图 5-45　装配移液枪头

（3）预洗吸头，如图 5-46 所示。

手持移液器垂直吸液，吸头尖端浸入液面 3mm 以下，吸液前枪头先在液体中预润洗，需要把转移的液体吸取、排放 2～3 次，使吸头内壁形成一道同质液膜，确保移液工作的精度和准度，使整个移液具有极高的重现性。然后，在吸取有机溶剂或高挥发液体时，挥发性气体会在白套筒室内形成负压，发生漏液，预洗 4～6 次，让白套筒室内的气体达到饱和，负压消失，可避免漏液情况的发生。

图 5-46　预洗吸头

（4）吸液，如图 5-47 所示。

吸取液体时一定要缓慢平稳地松开拇指，以防将溶液吸入过快而冲入取液器内腐蚀柱塞而造成漏气，并且应在遇到第一个停顿处停止向下按压。吸有液体的移液枪不应平放或枪头向上放置，枪头内的液体很容易污染枪内部而可能导致弹簧生锈。

（5）放液，如图 5-48 所示。

放液时，吸头紧贴容器壁，先将排放按钮按至第一停点略作停顿后，再按至第二停点，以确保吸头内无残留液体。

图 5-47　吸液

图 5-48　放液

（6）卸掉吸头，如图 5-49 所示。

按动卸尖按钮将用过的吸头卸掉。不可与新吸头混放，以免产生交叉污染。移液枪使用后，应将刻度调至最大，使弹簧恢复原形以延长移液枪的使用寿命，并挂在移液器架上。

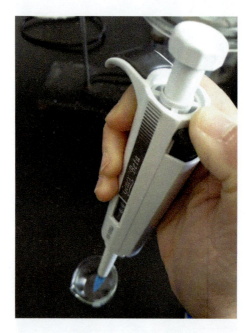

图 5-49　卸掉吸头

（四）溶液配制

溶液配制是指将化学药品和溶剂配制成实验所需浓度的溶液的过程。在化学实验中，常需要配制各种不同浓度的溶液以满足实验的需求，配制溶液前需要对所需药品或试剂的用量进行计算，对于不同浓度表示方法的溶液，计算与配制步骤是不相同的。常用的固体药品配制溶液的浓度表示方式有：质量分数浓度、质量摩尔浓度和物质的量浓度；常用的液体药品配制溶液的浓度表示方式有：质量分数浓度和物质的量浓度。

1. 仪器设备

容量瓶是为配制准确的一定物质的量浓度的溶液用的精确仪器，形状为细颈梨形平底，带有磨口玻塞，颈上有标线，表示在所指温度下液体凹液面与容量瓶颈部的标线相切时，溶液体积恰好与瓶上标注的体积相等。容量瓶上标有温度、容量、刻度线。通常有 25mL、50mL、100mL、250mL、500mL、1000mL 等数种规格，实验中常用的是 100mL 和 250mL 的容量瓶（图 5-50）。

图 5-50　容量瓶

2. 操作步骤

（1）计算与称量。

计算配制所需固体溶质的质量或液体浓溶液的体积，参照本节"（三）称量"进行，并将称重后的药品置于烧杯中（图 5-51 所示）。

图 5-51　计算与称量

（2）溶解，如图 5-52 所示。

向烧杯中加入少量的溶剂，使药品完全溶解并恢复至室温，如不能完全溶解，可适当加热。

图 5-52　溶解

（3）检查容量瓶的容积与密封性，如图 5-53 所示。

在使用容量瓶之前，需检查容量瓶的容积与所要求的是否一致。若一致，需检查容量瓶的密封性。打开瓶塞，加入少量水，塞紧瓶塞，左手食指按住瓶塞，右手托住瓶底，倒立，若不漏水，正立。将瓶塞旋转 180°，再倒立，若不漏水，则容量瓶密封性好。

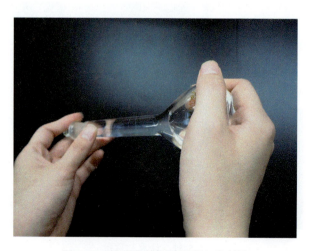

图 5-53　检查容量瓶的容积与密封性

（4）转移，如图 5-54 所示。

将烧杯内冷却后的溶液沿玻璃棒小心转入一定体积的容量瓶中（玻璃棒下端应靠在容量瓶刻度线以下）。

图 5-54　转移

（5）洗涤，如图 5-55 所示。

用蒸馏水洗涤烧杯和玻璃棒 2～3 次，并将洗涤液转入容器中，振荡，使溶液混合均匀。

图 5-55　洗涤

（6）定容，如图 5-56 所示。

当容量瓶内加入的液体液面离标线 1～2cm 时，应改用滴管小心滴加，最后使液体的凹液面最低处与标线正好相切。

图 5-56　定容

（7）混匀，如图 5-57 所示。

盖紧瓶塞，用手指按住瓶塞，另一只手托住瓶底（不要用手掌握住瓶身，以免体温使液体膨胀，影响容积的准确性。容积小于 100mL 的容量瓶，不必托住瓶底）。随后将容量瓶倒转，使气泡上升到顶，此时可将瓶振荡数次。再倒转过来，仍使气泡上升到顶。如此反复 10 次以上，使溶液混合均匀。

图 5-57　混匀

（8）储存溶液，如图 5-58 所示。

将混匀溶液倒入烧杯或试剂瓶中使用或储存。不可用容量瓶储存溶液，因为溶液可能会对瓶体进行腐蚀，从而使容量瓶的精度受到影响。

图 5-58　储存溶液

二、化学成分的提取

经过预处理及系统分析后的待研究菌物样品，即可按其化学性质，进行目标成分的提取。常用提取方法有溶剂提取法、蒸馏法、超声提取法、微波辅助提取法、半仿生提取法、超高压提取法以及超临界流体萃取法，可根据研究需求选择最适的一种方法或多种方法联合提取。在菌物化学成分的提取方法中，溶剂提取法、微波提取法及超声提取法较为常用，其中最常用的方法为溶剂提取法。

（一）溶剂提取法

溶剂提取法是根据各种成分在溶剂中的溶解性，选用对活性成分溶解度大、对不需要溶出成分溶解度小的溶剂，而将有效成分从细胞内溶解出来的方法。当溶剂加到待提取样品中时，溶剂由于扩散、渗透作用通过细胞壁透入细胞内，溶解可溶性物质，而造成细胞内外的浓度差，细胞内的浓溶液不断向外扩散，溶剂又不断进入药材组织细胞中，多次往返，直到细胞内外溶液浓度达到动态平衡时，将此饱和溶液滤出，再加入新溶剂，重复 2～3 次，即可将所需成分大部分溶出。

溶剂的选择，一般根据"相似相溶"的原则，即亲水性成分易溶于极性大的溶剂，亲脂性成分易溶于极性小的溶剂。化学成分在溶剂中的溶解度与溶剂极性有关，溶剂极性与介电常数 ε 有关，介电常数越大，极性越大。常用的提取溶剂有：水，甲醇、乙醇等亲水性溶剂，石油醚、乙酸乙酯等亲脂性溶剂，以及磷酸盐缓冲液等缓冲盐溶液等。

1. 仪器设备

电热恒温水浴锅是实验室中最常用设备，可用于实验室提取、蒸馏、干燥、浓缩及温渍化学药品或生物制品；也可用于恒温加热和其他温度试验。水浴水箱为不锈钢材质，有较强的抗腐蚀性能。数显控温装置可实现高精度自动控温（图5-59）。

图 5-59　数显控温装置

2. 操作步骤

（1）浸泡样品，如图 5-60 所示。

使用水浴锅提取时，需将溶剂倒入装有待提取样品的烧杯中，浸泡样品。

（2）开机并设置温度，如图 5-61 所示。

接通水浴锅电源，打开开关。按动温度设定按钮，调节温度至所需。

（3）提取，如图 5-62 所示。

待水浴锅温度升至设定温度后，将装有样品及提取溶剂的烧杯放入水浴锅至提取时间结束，提取过程中可不定时用玻璃棒搅拌。

图 5-60　浸泡样品

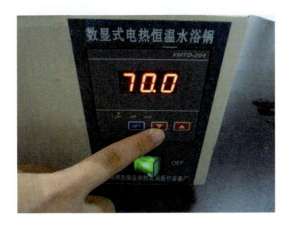

图 5-61　开机并设置温度

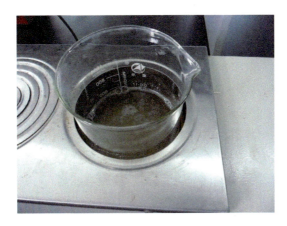

图 5-62　提取

（4）提取结束并关闭电源，如图 5-63 所示。

从水浴锅中拿出烧杯，提取结束。关闭电源。

图 5-63　提取结束并关闭电源

（二）微波提取法

微波提取法是利用微波能来进行化学成分提取的一种新技术，微波是一种非电离的电磁波，频率在 300MHz 至 300×10^3MHz，被提取的极性分子在微波电磁场中快速转向及定向排列，从而产生撕裂和相互摩擦，引起发热，使得能量快速传递和充分利用，有利于极性分子的溶出和释放，因此微波提取法只适用于提取对热稳定的物质。

1. 仪器设备

常用微波提取设备为微波炉、微波提取仪、微波动态提取设备等，其中实验室最常用的为微波炉（图 5-64）。微波炉的功率一般为 500～1000W，由电源、磁控管、控制电路和炉腔等部分组成，电源向磁控管提供约 4000V 高压，磁控管在电源作用下，连续产生微波，再经过波导系统，耦合到炉腔内。在炉腔的进口处附近，有一个可旋转的搅拌器，因为搅拌器是风扇状的金属，旋转起来以后对微波具有各个方向的反射，所以能够把微波能量均匀地分布在炉腔内。

图 5-64　微波炉

2. 操作步骤

（1）接通电源，如图 5-65 所示。

接通电源，并打开仪器开关。

图 5-65　接通电源

（2）放入待提取的样品，如图 5-66 所示。

将装有待提取样品及提取试剂的烧杯放入微波炉内，盛样品的器皿应为可用于微波的器皿，以防炸裂。切不可用不锈钢金属制品等，以防爆炸。

图 5-66 放入待提取的样品

（3）调节功率、时间，进行提取（图 5-67）：调节菜单面板上的按钮，选择所需的时间及功率，进行提取。待面板上的时间归 0，提取结束。取出烧杯，关闭开关，切断电源即可，此过程切勿烫伤。

图 5-67 调节功率、时间，进行提取

（三）超声提取法

超声提取法是利用超声波的空化作用对细胞膜的破坏，使目标成分溶出与释放，超声波不断振荡使溶质更易于扩散，同时超声波的热效应对样品有水浴的作用。

1. 仪器设备

实验室常用超声提取设备为超声波清洗仪（图 5-68）。超声波清洗仪具有提取、脱气、乳化、加速溶解、粉碎、分散等多种功能，其利用换能器将超声频的声能转换成机械振动，通过槽壁将槽中的溶液辐射到超声波上，受到辐射的超声波使槽内液体中的微气泡在声波的作用下保持振动，当声压或者声强达到一定程度时，气泡就会迅速膨胀，然后又突然闭合，气泡闭合的瞬间产生冲击波，使气泡周围产生 1012～1013Pa 的压力及局部升温，破坏组织细胞，使其内部的化学成分释放于溶液中，达到提取目的。

图 5-68 超声波清洗仪

2. 操作步骤

（1）检查水位，如图 5-69 所示。

使用超声波清洗仪前，需先检查其槽内的水位。

图 5-69　检查水位

（2）加水，如图 5-70 所示。

若槽内水不足，需按照仪器使用要求，将槽内的水加到约 2/3 的位置，切不可无水使用。

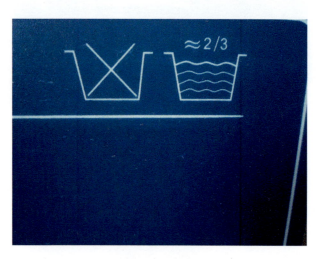

图 5-70　加水

（3）开机，如图 5-71 所示。

接通电源并打开仪器开关，控制面板上的"温度"与"时间"的显示屏灯亮。

图 5-71　开机

（4）放入待提取的样品，如图 5-72 所示。

将装有待提取样品及提取试剂的烧杯放入超声波清洗仪中。

图 5-72　放入待提取的样品

（5）设定超声温度、时间，如图 5-73 所示。

通过调节仪器面板上的温度及时间按钮，将时间和温度设定为所需。超声时间不宜过长，温度不宜过高，以免仪器温度过高，损坏电路板。

图 5-73　设定超声温度、时间

（6）提取结束，关闭电源，如图 5-74 所示。

待控制面板上的超声时间归 0，提取结束并关闭开关、电源。

图 5-74　提取结束，关闭电源

（7）取出样品，如图 5-75 所示。

取出烧杯，若长时间不使用，需打开放水阀将槽内水放出。

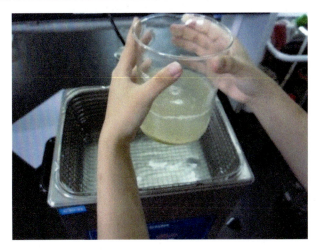

图 5-75　取出样品

三、提取后处理

样品提取后，常需进行固液分离，以获取提取液，所得提取液还需进行浓缩，减小样品体积，去除提取试剂，富集提取物。常用的固液分离方法有过滤、抽滤、离心等；常用的浓缩方法多为加热蒸发，可用恒温水浴锅常压加热，挥发提取溶剂；但是，为了提高浓缩效率，缩短浓缩时间，可使用旋转蒸发仪进行浓缩。

（一）过滤及抽滤

过滤是常压下将悬浮液（或含固体颗粒发热气体）中的液体（或气体）透过介质，固体颗粒及其他物质被过滤介质截留，从而使固体及其他物质与液体（或气体）分离的操作；而抽滤是指利用抽气泵使抽滤瓶中的压强降低，达到固液分离目的的方法，具有分离成本低、处理量大、过滤彻底的优点。

1. 仪器设备

（1）漏斗（图 5-76）：过滤实验中不可缺少的仪器。漏斗的种类很多，根据材质可分为玻璃漏斗、塑料漏斗、不锈钢漏斗、铝质漏斗等；根据用途可分为普通漏斗、热水漏斗、高压漏斗、分液漏斗等；还可根据口径大小及径的长短，分成不同规格型号。使用时，漏斗中要装入滤纸，滤纸根据需求可选择不同的类型（慢速、中速以及定性、定量等），将滤纸连续两对折次，叠成90°圆心角形状，放入漏斗中使用。

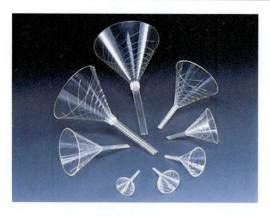

图 5-76　漏斗

　　（2）布氏漏斗、布氏烧瓶及砂芯抽滤瓶：布氏漏斗（图 5-77）是使用真空或负压力抽吸进行过滤的仪器。实验室常用的为陶瓷制成的，但也有用塑料制成的。其规格很多，常用的一些规格有 60mm、80mm、100mm、120mm、150mm、200mm、250mm 和 300mm 等。布氏烧瓶也称抽滤瓶，是厚壁的锥形瓶，只是在管口处多开了一个侧向的连接口，用于连接真空泵。抽滤瓶分为上嘴型（瓶颈的肩部有抽气口）和上下嘴型（瓶颈的肩部和瓶底下截分别有一个抽气口）两种。使用时，需配套合适大小的抽滤瓶及胶塞，将漏斗柄套在胶塞内，并安装于抽滤瓶上。按照漏斗内径大小，裁剪滤纸，将滤纸平铺在漏斗中，连接抽气系统，并在漏斗中倒入样品进行分离。砂芯抽滤瓶也是实验室常用抽滤装置，主要用于过滤液相色谱仪、质谱仪等精密仪器所用液体溶剂中的杂质，由瓶体、具抽气口砂芯、夹具、溶液杯及杯盖等部分组成，瓶体的规格通常为 1000mL，使用时也需配套真空泵。

图 5-77　布氏漏斗

（3）真空泵：利用机械、物理、化学或物理化学的方法对被抽容器进行抽气而获得真空的器件或设备。真空泵包括水环泵、往复泵、滑阀泵、旋片泵、罗茨泵和扩散泵等，实验室主要使用的是水环泵和旋片泵。

2. 操作步骤（以抽滤为例）

（1）裁剪滤纸，连接抽气管，如图 5-78 所示。

将滤纸裁剪成与布氏漏斗内径相同的大小，并置于漏斗内。滤纸可用少量试剂湿润，使其完全与漏斗贴附。将胶塞套在漏斗上，安装于抽滤瓶瓶口。将胶管的一端与真空泵的抽气口紧密连接。

图 5-78　连接抽气管

（2）连接真空泵，如图 5-79 所示。

胶管的另一端与抽滤瓶的接口紧密连接。

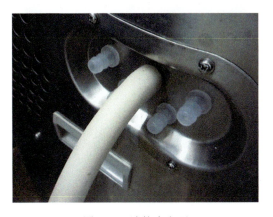

图 5-79　连接真空泵

（3）倒入样品，如图 5-80 所示。

向布氏漏斗中倒入待分离样品。

图 5-80　倒入样品

（4）接通电源，抽气，如图 5-81 所示。

打开真空泵电源，抽气。

图 5-81　接通电源

（5）补加样品，如图 5-82 所示。

待溶液逐渐滤过后，向漏斗中补加待分离样品。

图 5-82 补加样品

（6）关闭开关及电源，如图 5-83 所示。

待全部样品分离完成后，关闭真空泵电源。

图 5-83 关闭开关及电源

（7）移除胶管与漏斗，如图 5-84 所示。

松开与抽滤瓶连接的胶管，移除漏斗。

图 5-84　移除胶管与漏斗

（8）收集样品及滤渣，如图 5-85 所示。

倒出分离溶液，并收集漏斗内滤渣。

图 5-85　收集样品及滤渣

（二）离心分离

离心分离是利用旋转运动的离心力以及物质沉降系数或浮力密度的差异进行分离、浓缩和提纯的方法，适用于难过滤的悬浮液、互不相溶的液-液分离以及不同密度的固体、乳浊液的密度梯度分离；分离速度快、分离效率高、分离效果好，但是与过滤、抽滤相比，处理量较小、设备投入大、分离成本高。

1. 仪器设备

常用的离心设备为离心机，离心机种类很多，按离心速度及离心力，可分为常速离心机（最大转速 8000r/min）、高速离心机（最大离心转速 $1 \times 10^4 \sim 2.5 \times 10^4$ r/min）及超速离心机（最大离心转速 $2.5 \times 10^4 \sim 12.5 \times 10^4$ r/min）；按离心机的作用方式，可分为斜角式、平抛式、管式、蝶式、螺旋式等；按离心机的用途，可分为工业用离心机、实验用离心机，其中实验用离心机又分为制备型离心机与分析型离心机。

2. 操作步骤

（1）待离心样品配平，如图 5-86～图 5-91 所示。

图 5-86　将天平的游标卡尺归 0

图 5-87　将 2 个烧杯分别放于托盘天平的两个托盘上

图 5-88　调节天平，使其指针处于中线位置

图 5-89　将待离心的样品分装于离心管中

图 5-90　将 2 个离心管分别放于托盘天平上的 2 个烧杯中

图 5-91　利用移液枪（胶头滴管）进行两两配平

（2）接通电源，放入离心管，如图 5-92 所示。

接通离心机电源，并打开开关。打开离心机机盖，两两配平的离心管对位放于离心转子内。

（3）关闭离心机机盖，如图 5-93 所示。

小心合上离心机机盖，过程中可听到"咔嚓"声。

（4）设定离心参数，如图 5-94～图 5-96 所示。

图 5-92 接通电源，放入离心管

图 5-93 关闭离心机机盖

图 5-94 设定离心机的温度至实验所需温度

图 5-95 设定离心机的转速至实验所需转速

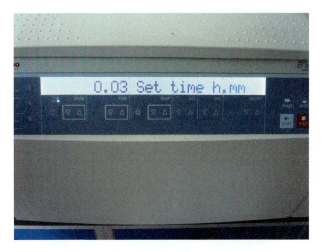

图 5-96 设定离心机的时间至实验所需时间

（5）开始离心，如图 5-97 所示。

按"START"键进行离心。若进行低温离心，需待离心机温度达到设定温度后再开始。

（6）离心完成后，开盖，取出离心管，如图 5-98 所示。

待离心时间及转速均归 0 后，按"OPEN"键打开离心机机盖，取出离心管。离心全部完成后，关闭开关，切断电源。

图 5-97　开始离心

图 5-98　取出离心管

（7）清理离心机内壁，如图 5-99 所示。

离心机使用后，需对内壁进行擦拭和清理。尤其是低温离心后，不可以马上将机盖关闭（尤其是冷冻离心机），应该将离心机机盖打开一段时间，使其内部温度恢复至室温后，用抹布擦净内部水汽后，方可盖上机盖。

图 5-99　清理离心机内壁

（三）浓缩

样品提取后，经固液分离，得到的提取液常需浓缩后，再进行后续处理。常用的浓缩方法为加热蒸发，除常用的热水浴挥发外，为了提高浓缩效率，缩短浓缩时间，可利用旋转蒸发仪进行浓缩。

1. 仪器设备

旋转蒸发仪主要由马达、蒸馏瓶、接收瓶、加热锅、冷凝管等部分组成，为达到真空状态需同时配套真空泵，是实验室常用减压浓缩设备。蒸馏瓶是一个带有标准磨口接口的茄形或圆底烧瓶，通过可旋转的马达与回流蛇形冷凝管及减压泵相连，回流冷凝管另一开口与带有磨口的接收瓶相连，用于接收被蒸发的有机溶剂。在冷凝管与减压泵之间有活塞，当体系与大气相通时，可以将蒸馏瓶、接收瓶取下，转移溶剂；当体系与减压泵相通时，则体系应处于减压状态。蒸馏瓶下方配有加热水浴，可对待浓缩的样品进行加热，旋转的马达可带动蒸馏瓶恒速转动，以增大蒸发面积，从而实现样品的快速浓缩。

2. 操作步骤

（1）水浴锅中加水，如图 5-100 所示。

向水浴锅中加入适量水，最好加蒸馏水，加入量不宜过多，以免连接蒸馏瓶后水会溢出。

图 5-100　水浴锅中加水

（2）接通电源，打开水浴锅开关，如图 5-101 所示。

接通电源，打开水浴锅开关。

图 5-101　接通电源，打开水浴锅开关

（3）设定水浴锅温度，如图 5-102 所示。

设定水浴锅温度，使水浴锅加热。

图 5-102　设定水浴锅温度

（4）蒸馏瓶中加入待浓缩溶液，如图 5-103 所示。

向蒸馏瓶中加入待浓缩溶液，加入量为瓶体积的 1/3 左右。

图 5-103　蒸馏瓶中加入待浓缩溶液

（5）将蒸馏瓶连接在马达上的接口，调整水浴锅位置，如图 5-104 所示。

将蒸馏瓶连接在马达上的接口，扣好蒸馏瓶锁扣，并调节水浴锅位置至蒸馏瓶 1/3 没入水中。

图 5-104　调整水浴锅位置

（6）关闭排气阀，如图 5-105 所示。

关闭排气阀，使整个仪器处于封闭状态。

图 5-105　关闭排气阀

（7）打开冷凝水，如图 5-106 所示。

打开冷凝水，调节水流至合适大小。

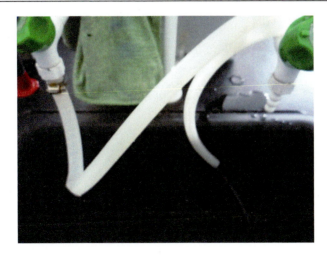

图 5-106　打开冷凝水

（8）打开真空泵，如图 5-107 所示。

打开真空泵，抽真空，使体系内部处于减压状态。

图 5-107　打开真空泵

（9）打开马达开关，调整转速，如图 5-108 所示。

打开马达开关，调节蒸馏瓶的旋转速度。转速与浓缩效率有关，转速快，浓缩效率高。

图 5-108　打开马达开关，调整转速

（10）浓缩完成，关闭真空泵、马达电源，打开放气阀，旋开锁瓶扣，倒出浓缩液，关闭冷凝水，关闭电源，如图 5-109 所示。打开冷凝瓶下方的放液阀，倒出冷凝液。

图 5-109　关闭电源

第二节　菌物化学成分分离纯化

经过提取得到的提取物仍是混合物，需进一步去杂质、分离、纯化，获得纯度较高的组分或单体化合物。具体的分离方法可根据化学成分的性质进行选择，常用的分离纯化方法有萃取、膜分离、柱层析、高效液相色谱及气相色谱等。

一、萃取

萃取也称液-液溶剂萃取、两相溶剂萃取，是利用提取物中各成分在两种互不相溶的溶剂中分配系数不同而达到对提取物分离的方法。根据分配定律，在一定温度和压力下，某物质溶解在两种互不相溶的溶剂中，当达到动态平衡时，该物质在两种溶剂相中的浓度之比为一常数，称为分配系数 K，各成分在两相溶剂中的分配系数相差越大，分离效率越高。分离的难易程度可用分离因子 β 值来表示，分离因子为两种溶质在同一溶剂系统中分配系数的比值，因此在实际使用中应选择 β 值较大的溶剂系统，以简化分离过程，提高分离效率。

1. 仪器设备

（1）分液漏斗（图 5-110）：分为球形、梨形和筒形等多种样式，包括斗体和斗盖，斗体的下口有一活塞，是实验室最常用的常压萃取设备。

图 5-110　分液漏斗

（2）快速溶剂萃取：近年来发展起来的一种在高温（可高达 200℃）、高压（可高达 20MPa）条件下快速提取固体或半固体样品的前处理方法，与常用的萃取方法相比，可大大缩短萃取时间，提高萃取效率，减少萃取溶剂用量，降低成本，具有节省溶剂、快速、健康环保、自动化程度高等优点。常用设备为快速溶剂萃取仪（图 5-111）。

图 5-111　快速溶剂萃取仪

（3）高速逆流色谱：一种连续高效的液液分配色谱技术，它的固定相和流动相都是液体，利用两相溶剂体系在高速旋转的螺旋管内建立起一种特殊的单向性流体动力学平衡，在连续洗脱的过程中实现对样品的萃取。由于不需要固体支撑体，物质的分离依据其在两相中分配系数的不同而实现，因而避免了因不可逆吸附而引起的样品损失、失活、变性等，不仅使样品能够全部回收，回收的样品更能反映其本来的特性，而且由于被分离物质与液态固定相之间能够充分接触，样品的制备量大大提高。常用设备为高速逆流色谱仪（图 5-112）。

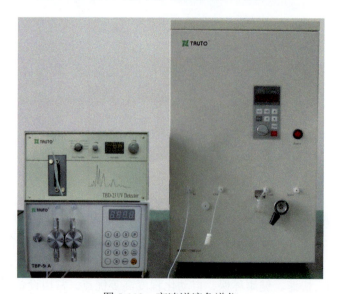

图 5-112　高速逆流色谱仪

2. 操作步骤（以分液漏斗为例）

（1）密闭性检查及装液，如图 5-113 所示。

将样品溶液及萃取溶剂装入分液漏斗中。分液漏斗在使用前要将漏斗颈上的旋塞芯取出，涂上凡士林，插入塞槽内转动使油膜均匀透明，且转动自如。然后关闭旋塞，往漏斗内注水，检查旋塞处是否漏水，不漏水的分液漏斗方可使用。漏斗内加入的液体量不能超过容积的 3/4。

图 5-113　密闭性检查及装液

（2）混匀，如图 5-114 所示。

漏斗塞塞住，一手扶住分液漏斗的瓶体下部，一手按住漏斗塞，使漏斗横放，晃动漏斗使样品溶液及萃取溶剂混匀。

（3）分层，如图 5-115 所示。

将分液漏斗置于铁架台铁圈上，等待溶液分层。为提高提取效率，可在分层后，再摇动分液漏斗，使萃取液充分与样品溶液接触。

图 5-114　混匀

图 5-115　分层

（4）放液，如图 5-116 所示。

萃取完成后，打开分液漏斗下方阀门，放出下层溶液。分液漏斗下方的活塞可控制液体的流量，当下层溶液快要全部流出时，可适当调整阀门，减慢放液流速，以免上层溶液被放出。此外，放液时磨口塞上的凹槽与漏斗口颈上的小孔要对准，这时漏斗内外的空气相通，压强相等，漏斗里的液体才能顺利流出。

图 5-116　放液

（5）回收上层溶液并清洗，如图 5-117 所示。

从铁架台上取下分液漏斗，从漏斗上端倒出上层溶液。使用后的漏斗应及时清洗干净。若长时间不用，应把旋塞处擦拭干净，塞芯与塞槽之间放一纸条，以防磨砂处粘连。

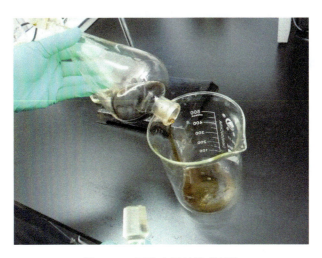

图 5-117　回收上层溶液并清洗

二、膜分离

膜分离是以选择性透过膜为分离介质，在膜两侧一定推动力作用下，使原料中的某组分选择性地透过膜，从而使混合物得以分离，达到提纯、浓缩等目的的分离过程。膜分离技术包括微滤、透析、电透析、反渗透、超滤、气体分离、渗透汽化等，其中最常用的为微滤及透析。

1. 仪器设备

（1）微孔滤膜：是一种多孔的膜过滤介质，在一定压力推动下，截留溶液中的颗粒杂质及细菌、真菌等，而使大量溶剂、小分子及少量大分子溶质透过的膜材料。微孔滤膜有水系膜（混合纤维树脂）、油系型（偏氟乙烯树脂）及水油通用型（尼龙膜）3 种（图 5-118）。

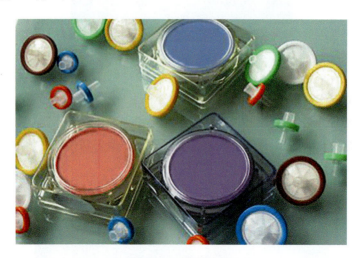

图 5-118　微孔滤膜

（2）透析袋：是利用提取液中小分子物质在溶液中可通过半透膜，而大分子物质不能通过半透膜的性质差异，达到去盐、少量有机试剂、小分子杂质等分离纯化目的的一种最常用的膜分离方法。透析依靠透析袋实现，透析袋通常是将半透膜制成袋状，依据其截留分子量的不同，有 500Da、1000Da、3500Da、7000Da、8000Da、14 000Da 等不同规格（图 5-119）。

图 5-119　透析袋

2. 操作步骤（以透析为例）

（1）透析袋预处理，如图 5-120 所示。

剪取合适长度的透析袋，通常为 10～20cm。将其置于盛有 2% 碳酸氢钠和 1mmol/L 乙二胺四乙酸钠溶液的烧杯中。

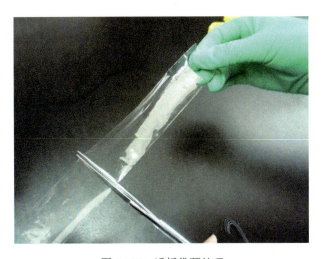

图 5-120　透析袋预处理

（2）煮沸，如图 5-121 所示。

将烧杯放在热水浴上煮沸 15min，除去透析袋上的甘油等杂质。

图 5-121　煮沸

（3）清洗，再次煮沸，如图 5-122 所示。

将透析袋用去离子水彻底冲洗，再置于 1mmol/L 乙二胺四乙酸钠溶液中煮沸 15min，去离子水冲洗透析袋备用。

图 5-122　清洗，再次煮沸

（4）透析夹密封透析袋一端，如图 5-123 所示。

将透析袋的一端折叠，用透析夹夹紧，但切勿将透析袋夹坏。

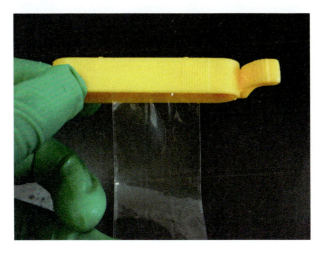

图 5-123 透析夹密封透析袋一端

（5）装入待透析样品，如图 5-124 所示。

小心将待透析样品装入透析袋中，装入量不宜过多，至透析袋的 1/4～1/3 为宜。

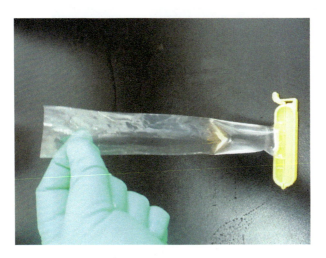

图 5-124 装入待透析样品

（6）透析夹密封透析袋另一端，如图 5-125 所示。

透析夹夹住透析袋的另一端，并检查透析袋两端是否漏液。

图 5-125　透析夹密封透析袋另一端

（7）自来水流水透析，如图 5-126 所示。

将夹好的透析袋置于烧杯中，调整自来水水流，流水透析过夜。

图 5-126　自来水流水透析

（8）去离子水过夜及清洗保存，如图 5-127 所示。

弃去烧杯中的自来水，加入去离子水，放于 4℃冰箱中，透析 24h。期间需多次更换去离子水，尤其初始时应少量、短时、频繁换水。透析完成后，收集袋内溶液，透析袋彻底清洗干净，置于 50%乙醇或 0.1%叠氮化钠中保存。

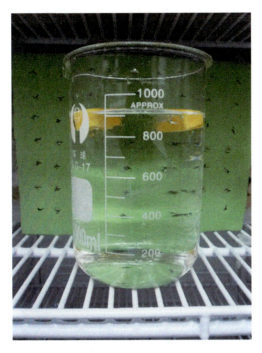

图 5-127　去离子水过夜及清洗保存

三、柱层析

柱层析是化学成分分离纯化最常用的实验方法之一，其主要原理是根据混合于样品中的各组分在固定相和流动相中分配系数不同，经多次反复分配，使各组分分离。根据层析原理的不同可分为吸附层析、亲和层析、疏水层析、离子交换层析、凝胶排阻层析等。虽然不同种类的层析所使用的柱料不同，但是柱层析的实验操作方法相似。

1. 仪器设备

层析柱是层析技术中的主体，一般由玻璃管或有机玻璃管制成（图 5-128）。层析柱的直径大小不影响分离度，样品用量大，可加大柱的直径，如一般制备用凝胶柱的直径大于 2cm；此外，层析柱直径加大，洗脱液体的体积也增大，因此样品稀释变大。样品的分离度取决于层析柱高，与柱高的平方根相关，为达到分离不同组分的目的，柱床必须有适宜的高度；但是，当所用柱料为软凝胶时，柱高一般不超过 1m，以免柱料被挤压变形而阻塞。当粗分离时应选用短柱，一般凝胶柱床 20～30cm，柱高与直径的比为（5∶1）～（10∶1），凝胶床体积为样品溶液体积的 4～10 倍为宜；当需进行精确分离时，柱高与直径的比为（20∶1）～（100∶1）。选择层析柱时还应注意，层析柱滤板下的死体积应尽可能小，如果死体积大，被分离组分之间重新混合的可能性就大，影响洗脱峰形，并出现拖尾现象。

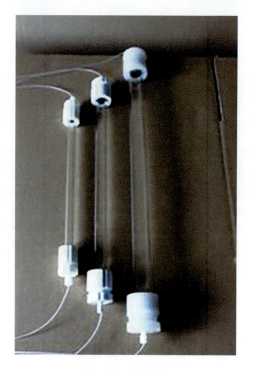

图 5-128　层析柱

2. 操作步骤（以离子交换层析为例）

（1）安装层析柱，如图 5-129 所示。

使用夹具将层析柱固定在层析架或铁架台上，保证层析柱垂直。最好将层析装置放于温度恒定的空间，且无阳光直射。

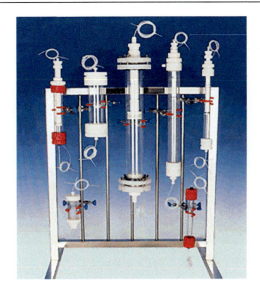

图 5-129　安装层析柱

（2）连接洗瓶及恒流泵，如图 5-130 所示。

将层析柱顶端柱头连接软管与洗瓶连接；层析柱底端柱头连接软管与恒流泵连接。

图 5-130　连接洗瓶及恒流泵

（3）安装恒流泵，如图 5-131 所示。

恒流泵的出水口端用蝴蝶夹夹住。

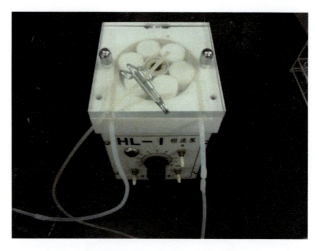

图 5-131　安装恒流泵

（4）层析柱中加水，如图 5-132 所示。

向层析柱内缓慢倒入约 1/3 柱体积的去离子水。

图 5-132　层析柱中加水

（5）倒入柱料，如图 5-133 所示。

向层析柱内倒入已搅拌均匀的层析柱料。层析柱料使用前应进行预溶胀，并且柱料溶液的温度应与层析柱所处环境温度一致。

图 5-133　倒入柱料

（6）等待柱料沉降，如图 5-134 所示。

等待柱料自然沉降至层析柱底端，且柱料全部位于层析柱的下 1/2 处。

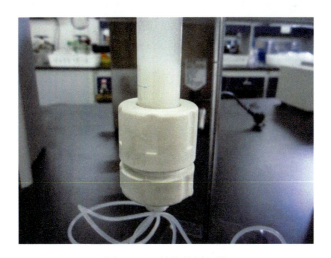

图 5-134　等待柱料沉降

（7）打开层析柱出水口的蝴蝶夹，如图 5-135 所示。

将恒流泵出水口端的蝴蝶夹撤下。

图 5-135　打开层析柱出水口的蝴蝶夹

（8）打开恒流泵，调节流速，如图 5-136 所示。

打开恒流泵，调节洗脱液的洗脱速度至所需。洗脱速度参考所用填料的流速范围，并经实验摸索而定。

图 5-136　打开恒流泵，调节流速

（9）继续补充填料至填装完成，如图 5-137 所示。

不断向层析柱内补加搅拌均匀的层析柱料，至柱料距离层析柱顶端 3～4cm 为止。柱料上端以洗脱液填充，拧上层析柱的顶端柱头，层析柱填充完毕。

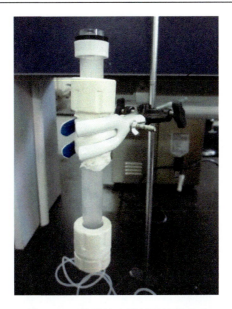

图 5-137 继续补充填料至填装完成

（10）平衡，如图 5-138 所示。

将层析柱上下两端的软管用蝴蝶夹夹住，静止平衡过夜；或将层析柱上下两端的软管打开，动态平衡 3～4 个柱体积。

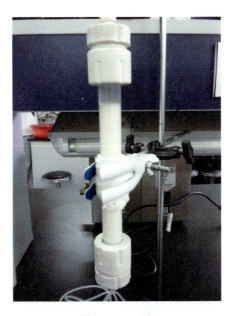

图 5-138 平衡

（11）上样，如图 5-139～图 5-143 所示。

充分平衡后，打开上端柱头，移液器小心吸出柱料上方洗脱液，使洗脱液与柱面达到同一平面，切勿破坏柱平面（图 5-139）。

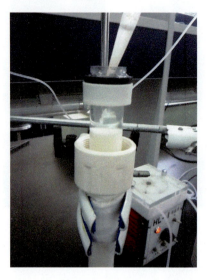

图 5-139　用移液器吸出柱料上方洗脱液

使用移液器或胶头滴管将待分离纯化样品小心沿层析柱壁缓缓加入层析柱内（图 5-140）。

图 5-140　将待分离纯化样品加入层析柱内

待样品全部加到层析柱内后，打开恒流泵及层析柱下端软管的蝴蝶夹（图 5-141，使样品完全进入胶内）。

图 5-141　打开恒流泵及层析柱下端软管的蝴蝶夹

待分离样品完全进入胶内后，沿层析柱内壁缓缓加入洗脱液（图 5-142），填充层析柱柱面上方空余体积。

图 5-142　加入洗脱液

拧紧层析柱顶端柱头，打开层析柱上端软管的蝴蝶夹，进行对样品的分离及纯化（图 5-143）。

图 5-143　分离及纯化

（12）样品收集及柱料保存，如图 5-144 所示。

图 5-144　样品收集及柱料保存

用试管收集恒流泵出水口流出的洗脱液,对各管洗脱液进行定性或定量检测,确定并回收含有目标成分的洗脱液,洗脱液可进行透析、浓缩、干燥等后续处理。长时间不用的层析柱应及时拆卸、清洗,可重复利用的层析柱料应视柱料种类进行防腐保存,以免被滋生的微生物污染。

四、高效液相色谱

高效液相色谱是色谱法的一个重要分支,以液体为流动相,采用高压输液系统,将具有不同极性的单一溶剂或不同比例的混合溶剂、缓冲液等流动相泵入装有固定相的色谱柱,在柱内各成分被分离后,进入检测器进行检测,从而实现对试样的分析。

1. 仪器设备

高效液相色谱仪由流动相储液器、输液泵、进样器、色谱柱、检测器和记录仪组成,储液器中的流动相被高压泵打入系统,样品溶液经进样器进入流动相,被流动相载入色谱柱内,由于样品溶液中的各组分在两相中具有不同的分配系数,在两相中做相对运动时,经过反复多次的吸附-解吸的分配过程,各组分在移动速度上产生较大的差别,被分离成单个组分依次从柱内流出,通过检测器时,样品浓度被转换成电信号传送到记录仪,数据以图谱形式体现。高效液相色谱仪的输液泵主要有二元高压混合梯度泵和四元低压混合梯度泵;检测器主要有紫外检测器、多元阵列检测器、示差折光检测器、荧光检测器、蒸发光检测器,可根据所分离纯化的成分进行选择(图 5-145)。

图 5-145　仪器设备

2. 操作步骤

（1）过滤流动相，去除杂质，如图 5-146～图 5-148 所示。

高效液相色谱的洗脱溶剂使用前需进行抽滤，去除溶剂中的微小杂质。需要真空泵、抽滤瓶、滤膜、试剂瓶等仪器设备。滤膜的光面朝上，放于抽滤瓶的砂芯中间（图 5-146）。

图 5-146　滤膜

组装抽滤瓶（图 5-147），注意夹子应夹紧滤杯及砂芯，切勿漏液。

图 5-147　组装抽滤瓶

连接抽气胶管，打开真空泵，滤杯中倒入需抽滤的洗脱试剂，进行超滤（图 5-148），滤过液装入液相色谱配套试剂瓶中。

图 5-148　超滤

（2）过滤样品溶液，去除杂质，如图 5-149～图 5-151 所示。

进行高效液相分离及检测的样品进样前也须进行过滤，将样品溶液吸到注射器中（图 5-149）。

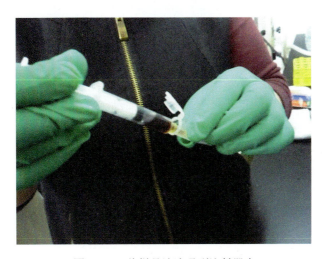

图 5-149　将样品溶液吸到注射器中

注射器连接纽扣式滤膜，滤膜的出液口插入液相进样瓶中。小心推动注射器（图 5-150），将样品溶液缓慢压过滤膜，除去样品溶液中的杂质。

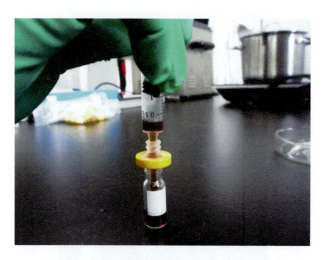

图 5-150　推动注射器

拧紧进样瓶盖，注意其中胶垫的位置应位于正中，保证样品溶液密闭于进样瓶中。记号笔标注样品名称（图 5-151）。

图 5-151　拧紧进样瓶盖，记号笔标注样品名称

（3）打开液相色谱工作站的电源、仪器电源及色谱软件，如图 5-152～图 5-154 所示。

打开液相色谱工作站的电源（图 5-152）。

从下至上或从上至下依次打开液相色谱仪各组件的电源（图 5-153）。

打开液相色谱的操作软件（图 5-154）。

图 5-152　打开设备电源

图 5-153　打开设备组件电源

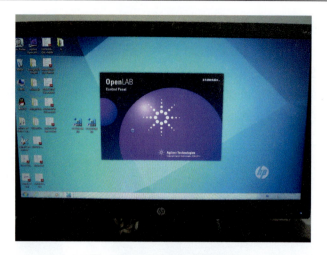

图 5-154　打开相关操作软件

（4）连接色谱柱，如图 5-155 所示。

按照色谱柱上标识的箭头方向,将色谱柱连接在高效液相色谱仪的柱温箱内,安装后将柱温箱外盖装好。

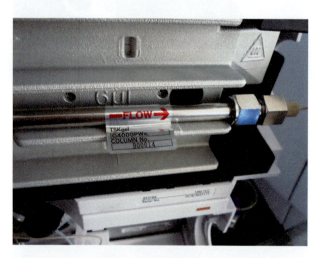

图 5-155　连接色谱柱

（5）编辑洗脱条件及洗脱程序，如图 5-156 所示。

在工作站上，打开"编辑完整方法"，依次设置液相色谱的洗脱程序、流速、温度、检测波长等分析条件，编辑完成后保存编辑方法。

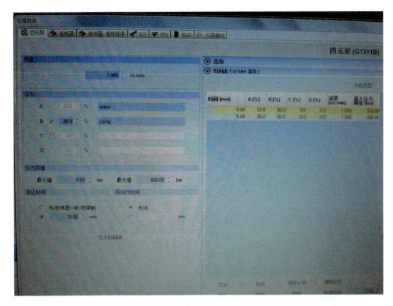

图 5-156　编辑洗脱条件及洗脱程序

（6）编辑序列表，如图 5-157 所示。

打开"序列表"，编辑待分析样品的进样顺序，编辑完成后保存序列表。

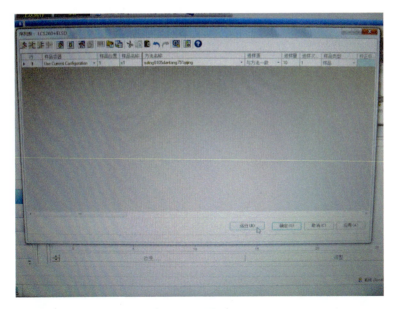

图 5-157　编辑序列表

（7）将样品瓶按"序列表"中顺序放入样品盘，如图 5-158 所示。

将待分析样品的进样瓶按照进样序列表中的顺序放入样品盘中对应位置；同时将洗针瓶按照编辑方法中的设定位置放入样品盘中对应位置。点击所编辑的序列表下方的"开始"，进行样品分析。

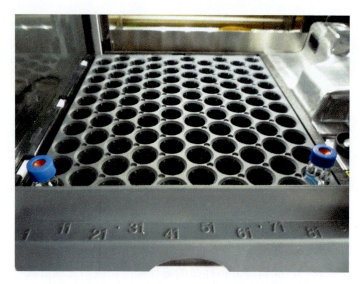

图 5-158　将样品瓶按"序列表"中顺序放入样品盘

（8）打开液相色谱分析软件，如图 5-159 所示。

图 5-159　打开液相色谱分析软件

（9）查看及分析结果，如图 5-160 所示。

查看并对结果进行分析。

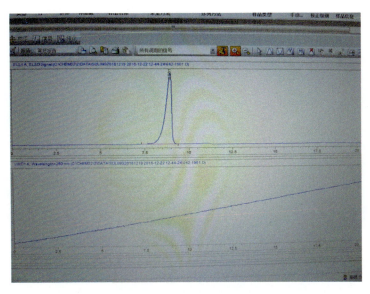

图 5-160　查看及分析结果

（10）查看结果报告，如图 5-161 所示。

分析完成后，点击"查看报告"。

图 5-161　查看结果报告

（11）保存或打印结果，如图 5-162 所示。

根据需要对结果进行保存或分析。

图 5-162　保存或打印结果

（12）关机，如图 5-163 所示。

使用完成后，关闭工作站软件，自上而下关闭液相色谱各组件电源。关闭工作站电源。

图 5-163　关机

五、气相色谱

气相色谱是指用气体作为流动相的色谱法，可分为气固色谱和气液色谱。作为流动相，利用试样中各组分在色谱柱中的气相和固定相间的分配系数不同，当汽化后的试样被载气带入色谱柱中运行时，组分在其中的两相间进行反复多次的分配，重复吸附—脱附—放出的过程，由于固定相对各种组分的吸附能力不同，因此各组分在色谱柱中的运行速度就不同，经过一定的柱长后，便彼此分离，顺序离开色谱柱进入检测器，产生的离子流信号经放大后，在记录器上描绘出各组分的色谱峰。由于样品在气相中传递速度快，因此样品组分在流动相和固定相之间可以瞬间地达到平衡；此外，可作为固定相的物质很多，因此气相色谱法是一种分析速度快、分离效率高的分析方法，适于极性小、易挥发成分的分离检测。

1. 仪器设备

气相色谱仪（图 5-164）的基本构造有两部分，即分析单元和显示单元。前者主要包括气源及控制计量装置、进样装置、恒温器和色谱柱。后者主要包括检测器和自动记录仪。色谱柱（包括固定相）和检测器是气相色谱仪的核心部件。气相色谱仪中的气路是一个载气连续运行的密闭管路系统。整个载气系统要求载气纯净、密闭性好、流速稳定及流速测量准确。气相色谱的流动相应是一种与样品和固定相都不发生反应的气体，一般为氮气或氢气。气相色谱的色谱柱是分离系统的核心，分为填充柱和毛细管柱两类。检测器是检测中心，常用的气相色谱检测器有热导检测器、氢火焰离子化检测器、电子捕获检测器、火焰光度检测器及质谱检测器等。

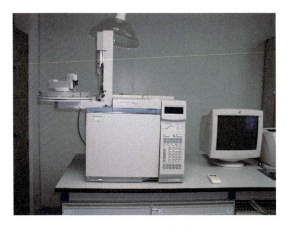

图 5-164 气相色谱仪

2. 操作步骤

（1）开机。

打开氮气、氢气、空气发生器的电源开关（或氮气钢瓶总阀），调整输出压力稳定在 0.4MPa 左右（气体发生器一般在出厂时已调整好，不用再调整）。

打开色谱仪气体净化器的氮气开关。注意观察色谱仪载气的柱前压上升并稳定大约 5min 后，打开色谱仪的电源开关。

设置工作温度。在主机控制面板上设定检测器温度、汽化室温度、柱箱温度。

待检测器温度升到 150℃ 以上后，打开净化器上的氢气、空气开关阀。当氢气和空气压力表分别稳定在 0.1MPa 和 0.15MPa 左右，按住点火开关（每次点火时间不能超过 6～8s）点火，同时用明亮的金属片靠近检测器出口，当火点着时在金属片上会看到有明显的水汽。如果在 6～8s 内氢气没有被点燃，要松开点火开关，再重新点火。在点火操作过程中，如果发现检测器出口内白色的聚四氟帽中有水凝结，可旋下检测器收集帽，把水清理掉。在色谱工作站上判断氢火焰是否点燃的方法：观察基线在氢火焰点着后的电压值应高于点火之前。

（2）进样。

打开电脑及工作站，打开一个方法文件。

转动色谱仪放大器面板上点火按钮上边的"粗调"旋钮，检查信号是否为通路（转动"粗调"旋钮时，基线应随着变化）。

待基线稳定后，进样。

进样同时点击"启动"按钮或按一下色谱仪旁边的快捷按钮，进行色谱数据分析。

分析结束时，点击"停止"按钮，数据即自动保存。

（3）关机。

首先关闭氢气和空气气源，使氢火焰检测器灭火。

在氢火焰熄灭后再将柱箱的初始温度、检测器温度及进样器温度设置为室温（20～30℃）。

待温度降至设置温度后，关闭色谱仪电源。

关闭氮气。关闭气源时应先关闭钢瓶总压力阀，待压力指针回零后，关闭稳压表开关，方可离开。

第三节　菌物化学成分结构分析

菌物化学成分的结构研究方法与中药及天然产物等有机化合物的结构研究方法相同，目前最常用的方法及技术可总结为"四谱"，即紫外光谱、红外光谱、质谱和核磁共振波谱。

一、紫外光谱

紫外光谱的产生是由于有机分子在入射光的作用下，发生价电子的跃迁，分子中由基态（E0）跃迁到激发态（E1），分子的结构不同，跃迁电子的能级差不同，所以分子紫外吸收的最大波长不同；此外，发生各种电子跃迁的概率不同，反映在紫外吸收上的最大势能也不同。

1. 仪器设备

紫外可见分光光度计是测定紫外光谱的最常用仪器，其主要由光源、单色器、吸收池、检测器以及数据处理及记录（计算机）等部分组成。

2. 操作步骤

（1）开机及预热。如图 5-165 所示。

连接电源，打开仪器开关，进入仪器自检过程，自检完成后，出现检测项目的界面。检测前需提前开机预热 30min。

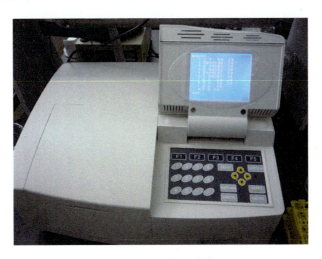

图 5-165　开机及预热

（2）设定检测项目，如图 5-166 所示。

根据实验需求选择所需检测项目对应的数字，如按数字"1"键，进入光度测量。

图 5-166　设定检测项目

（3）进行"参数设置"设定，如图 5-167 所示。

按"F1"键，进行参数设定。按实验所需依次选择并输入光度方式、测量波长、系数等，然后返回检测界面。

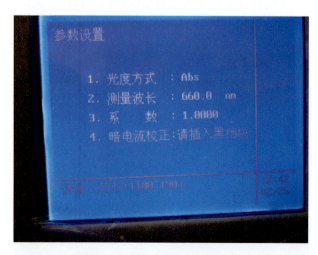

图 5-167　进行"参数设置"设定

（4）进行"试样池设置"设定，如图 5-168 所示。

按"F3"键，进行试样池设置设定。按实验所需依次选择并输入试样池、使用样池数、空白校正等，然后返回检测界面。

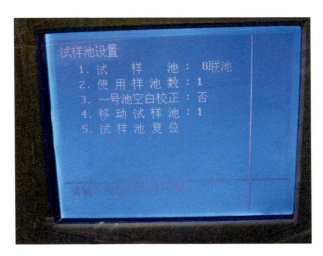

图 5-168 进行"试样池设置"设定

（5）润洗比色皿，装入样品溶液，如图 5-169 所示。

用蒸馏水清洗比色皿 2～3 次，然后用待检测的样品溶液润洗比色皿 2 次。将待测的样品溶液小心倒入比色皿中，装入量不宜太多，为比色皿的 2/3 左右即可。装液后，应观察比色皿中是否有气泡，若有气泡需清除，以免影响检测结果。

图 5-169 润洗比色皿，装入样品溶液

（6）擦拭比色皿，如图 5-170、图 5-171 所示。

　　手拿比色皿的毛面，用滤纸吸干比色皿上的液体。切勿用滤纸擦拭比色皿的毛面。

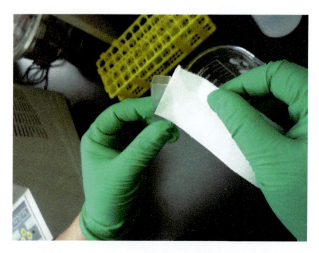

图 5-170　擦拭比色皿

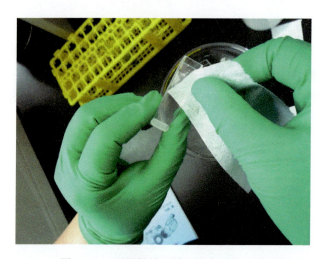

图 5-171　再用擦镜纸擦干比色皿的光面

　　（7）将比色皿放入试样池，如图 5-172 所示。

　　小心将装有待测样品溶液的比色皿放入试样池，放入时需注意待检测样品溶液不要洒出比色皿。

　　（8）检测，如图 5-173～图 5-175 所示。

图 5-172　将比色皿放入试样池

图 5-173　将试样池盖合上

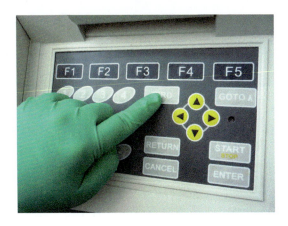

图 5-174　按"ZERO"键调零

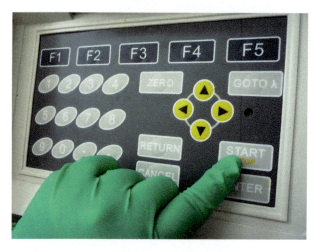

图 5-175 按"START"键开始检测

（9）记录检测结果，如图 5-176 所示。

显示屏上出现检测样品溶液的吸光值，记录结果。

图 5-176 记录检测结果

（10）取出比色皿，如图 5-177 所示。

检测完成后，小心取出比色皿，将检测溶液倒入废液缸。

（11）清洗比色皿，如图 5-178 所示。

用蒸馏水清洗比色皿，若待测溶液有颜色且不溶于水，用适当的有机溶液清洗。

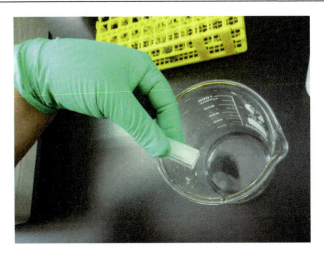

图 5-177　取出比色皿

图 5-178　清洗比色皿

（12）关机

关闭电源开关，拔掉电源，罩上仪器罩。

二、红外光谱

红外光谱即红外吸收光谱，主要是依据分子内部原子间的相对振动和分子转动等信息进行物质结构的分析或含量的测定。利用物质分子对红外辐射的吸收，并由其振动及转动运动引起偶极矩的净变化产生振动和转动，能级由基态跃迁到激发态，获得分子振动和转动能级变化的谱图。由于振动能级和转动能级的不同，能级间的差值也不同，物质对红外光的吸收波长也不同。根据不同的吸收波长对物质进行定性分析；同时，物质对红外辐射的吸收符合朗伯-比尔定律，也可用于定量分析。在有机化学研究中，广泛应用于对化学键或官能团的鉴定。

1. 仪器设备

红外光谱仪主要分为两类，即色散型红外光谱仪和傅里叶变换红外光谱仪。其中，傅里叶变换红外光谱仪应用更为广泛，其具有扫描速度极快（1s 左右）、分辨率高（0.1～0.005cm^{-1}）、灵敏度高、光谱范围宽（1000～10cm^{-1}）、测量精度高（重复性可达 0.1%）、杂散光干扰小、样品不受因红外聚焦而产生的热效应的影响等优点。

2. 操作步骤

（1）打开电源开关及红外光谱工作站软件，如图 5-179 所示。

图 5-179　打开电源开关及红外光谱工作站软件

打开红外光谱仪的电源开关，点击红外光谱工作站软件。仪器应安装在稳定牢固的实验台，远离振动源。光路中有激光，开机时严禁眼睛进入光路。

（2）初始化仪器，如图 5-180 所示。

点击测定，使屏幕转到测定界面，初始化仪器。

图 5-180　初始化仪器

（3）压片，如图 5-181 所示。

图 5-181　压片

制备溴化钾空白片和样品压片。所用的试剂、试样应保持干燥，用完后及时放入干燥器中。压片模具及液体吸收池等红外附件，使用完后应及时擦拭干净，必要时清洗，保存在干燥器中，以免锈蚀。

（4）检测，如图 5-182 所示。

将压制好的溴化钾空白片（不含样品的溴化钾空白片）放入光谱仪样品仓内的样品架上，点击测定按钮，输入光谱名称，确认采集参比背景光谱。

图 5-182   检测

（5）数据采集，完成后关，如图 5-183 所示。

图 5-183   数据采集，完成后关机

背景谱图采集完毕后，将待测样品片放入光谱仪内，关上仓盖。软件可按要求对谱图进行分析处理。供试品测试完毕后应及时取出，长时间放置在样品室中会污染光学系统，引起性能下降。样品室应保持干燥，及时更换干燥剂。使用完

毕后退出系统，关机。

三、质谱

质谱分析是一种测量离子荷质比（电荷-质量比）的分析方法，其基本原理是使试样中各组分在离子源中发生电离，生成不同荷质比的带正电荷的离子，经加速电场的作用，形成离子束，进入质量分析器。在质量分析器中，再利用电场和磁场使其发生相反的速度色散，将它们分别聚焦而得到质谱图，从而确定其质量。

1. 仪器设备

质谱仪（图 5-184）以离子源、质量分析器和离子检测器为核心。离子源是使试样分子在高真空条件下离子化的装置。电离后的分子因接受了过多的能量会进一步碎裂成较小质量的多种碎片离子和中性粒子。它们在加速电场作用下获取具有相同能量的平均动能而进入质量分析器。质量分析器是将同时进入其中的不同质量的离子，按质荷比（m/z）大小分离的装置。分离后的离子依次进入离子检测器，采集放大离子信号，经计算机处理，绘制成质谱图。离子源、质量分析器和离子检测器都各有多种类型。

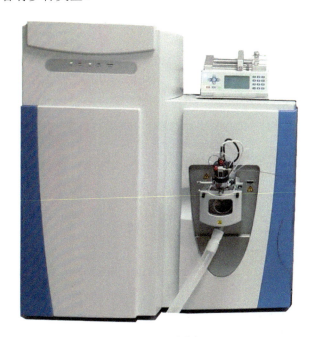

图 5-184 质谱仪

2. 操作步骤

（1）设置离子源参数，如图 5-185 所示。

打开 Tune 软件对 HESI Source 中鞘气流速、辅助气流速、喷雾电压以及毛细管温度等参数进行设置。

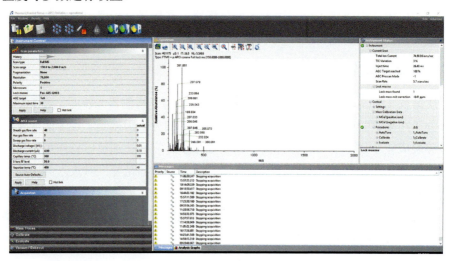

图 5-185　设置离子源参数

（2）质量轴校正，如图 5-186 所示。

将仪器切换到扫描状态后，采用针泵注射的方式将校正液注入质谱，对质量轴进行校正。

图 5-186　质量轴校正

（3）液相方法建立，如图 5-187 所示。

在仪器方法中设置色谱条件，将洗脱条件、柱温、样品盘温度等参数设置好，并平衡设备。

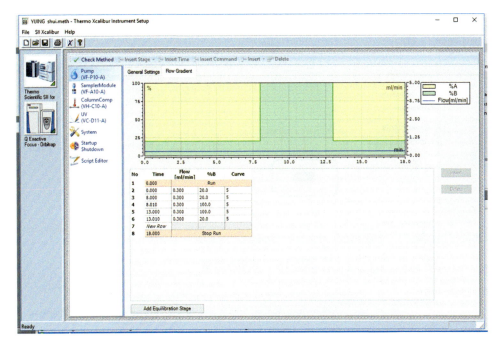

图 5-187　液相方法建立

（4）质谱方法建立，如图 5-188 所示。

依据测试目的差异选择质谱的采集方式，调整采集极性、分辨率、碎裂电压以及扫描范围等参数，然后保存方法。

（5）建立序列，如图 5-189 所示。

在序列界面输入样品信息、数据采集方法、数据保存路径后点击运行序列进行样品测试。

（6）设备待机。

在完成样品测试序列后，在 Tune 界面将仪器状态设置为待机。

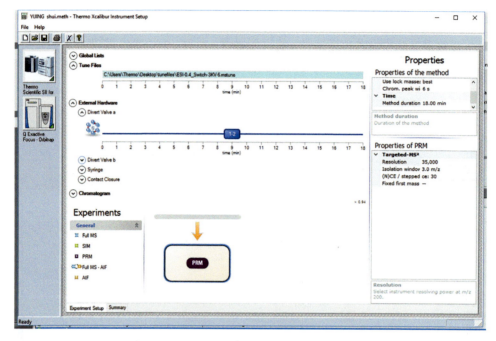

图 5-188　质谱方法建立

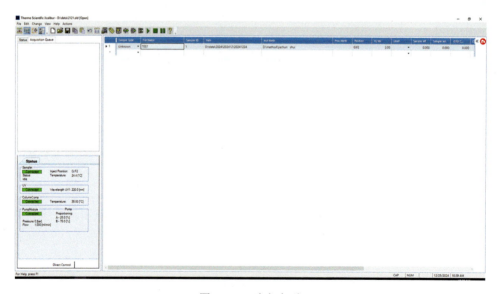

图 5-189　建立序列

四、核磁共振波谱

核磁共振（NMR）技术是一种通过测量电磁波与外磁场中一些具有磁性的原子核之间的相互作用来研究物质结构特性的技术。在外磁场的作用下，具有磁性的原子核会产生能级分裂，若此时加上一定能量的电磁波，其能量的大小正好等于原子核相邻两个能级差，原子核将吸收能量，从低能态跃迁至高能态，由此产生所谓的核磁共振现象。检测电磁波被吸收的情况就可以得到核磁共振波谱，通过分析图谱即可确定被测物质的结构特征。

1. 仪器设备

核磁共振波谱仪（图 5-190）就像高级的外差式收音机一样可接收到被测核的共振频率与其相应强度的信号，从理论上来说，一定场强的核磁共振波谱仪，只要它的频率综合器发射的电磁波频率能够覆盖所有 $I \neq 0$ 的同位素核的共振频率范围，就可以绘制成以共振峰频率位置为横坐标，以峰的相对强度为纵坐标的 NMR 图谱。对于不同的核，发射不同频率的电磁波，便可得到相应核的共振谱图。如反映样品中质子共振情况的谱图称为核磁共振氢谱，记作 ^1H-NMR；反映样品中碳原子共振情况的谱图，称为核磁共振碳谱，记作 ^{13}C-NMR。以此类推，还有 ^{19}F-NMR、^{31}P-NMR 及 ^{15}N-NMR 等其他核磁共振谱图。另外，对每一种核，还可利用不同的核磁技术，如采用双共振方法或改变去耦方式等来获得多种检测方式，得到不同形式的谱图，如：碳谱中的质子噪声去耦谱、无畸变极化转移增强（DEPT）谱等。在天然产物结构等研究中，最常用的为核磁共振氢谱和核磁共振碳谱，以及研究它们之间关系的二维核磁共振谱，如 ^1H-^1HCOSY 谱、^{13}C-^1H 相关谱（HMQC 谱和 HMBC 谱）、TOCSY 谱、NOESY 谱、ROESY 谱、2D DOSY 谱等。

2. 操作步骤

核磁共振波谱仪的一般操作主要包括：放置样品、氘代试剂锁场、匀场、探头调谐、设置参数、数据的采集以及处理。

（1）检查电脑界面，拉入模板，如图 5-191 所示。

所有命令都在界面下方任务栏里输入。

图 5-190　核磁共振波谱仪

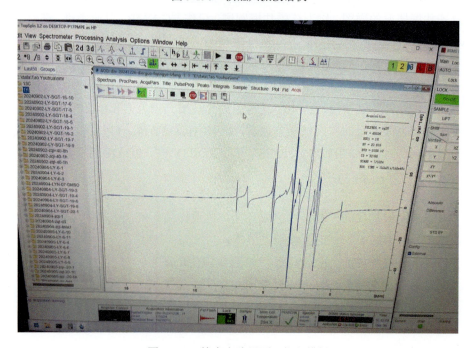

图 5-191　检查电脑界面，拉入模板

（2）在任务栏输入"edc"输入文件名。

（3）将样品管套上转子，在量规里量好尺寸，如图 5-192 所示。

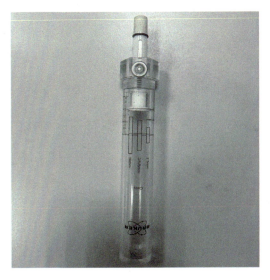

图 5-192　将样品管套上转子，在量规里量好尺寸

（4）点绿 On-Off（图 5-193），在中间 BSMS 窗口里，然后放入带转子的样品管。

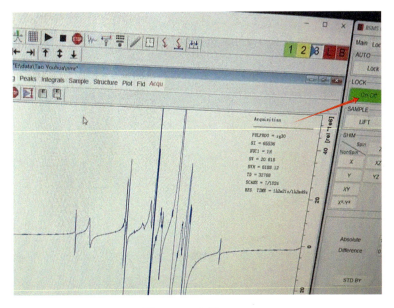

图 5-193　点绿 On-Off

（5）点灰 LIFT，如图 5-194 所示。

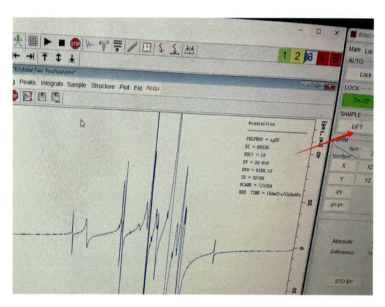

图 5-194　点灰 LIFT

（6）输入"wobb"调谐，按窗口上的 STOP。每次换溶剂时需要输入 wobb 命令，如图 5-195 所示。

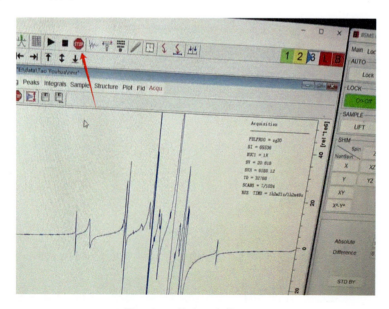

图 5-195　按窗口上的 STOP

（7）输入"LOCK"选择氘代试剂，所有状态在下方状态条里可见，结束后方可进行下一项。

（8）输入"t"，匀场直至结束。

（9）输入"rga"。

（10）输入"zg"。

（11）输入"tr""efp""abs""apk"（"tr"保存实时谱图；"efp"傅里叶转换；"abs"自动调整基线；"apk"自动调整相位）。

（12）输入"halt"结束，然后再输入"efp""abs""apk"。

（13）点灰 LOCK，然后点绿 LIFT，拿出样品管，最后一定要再点灰 LIFT。

（14）离开时，检查仪器状态，有无气流声，确保 LIFT 是关掉的、灰色的，切记!

注意：调谐时转动设备下方旋钮，需要用固定螺丝刀，请勿用手调节。

第六章　菌物分子生物学实验

第一节　核酸提取及检测

一、DNA 提取

1. 取样及前处理

用研钵研磨样品：取 50～100mg 真菌组织样本，放入研钵中液氮预冷，充分研磨，装入 2mL 离心管中备用。

用磨样机研磨样品：取 50～100mg 真菌组织样本，放入 2mL 离心管中，同时放入两个直径 5mm 的钢珠，液氮预冷。放入事先在–80℃冰箱预冷的研磨板中，1200Hz 研磨 30s，取出放在液氮中备用。如果研磨不够充分，重复一次。磨样机、磨样机样品台及磨样机程序设定见图 6-1～图 6-3。

图 6-1 磨样机

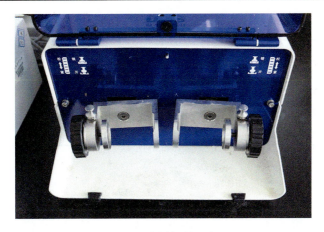

图 6-2　磨样机样品台

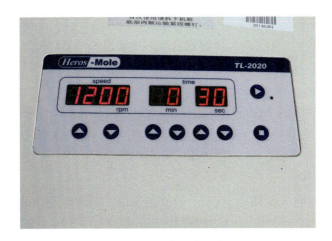

图 6-3　磨样机程序设定

2. CTAB 法提取真菌基因组 DNA

（1）真菌基因组 DNA 提取采用改良的 CTAB 法，提取缓冲液配方见表 6-1、表 6-2。

表 6-1　DNA 提取缓冲液（溶液 1）

试剂	用量（500mL）	终浓度
山梨糖醇	31.85g	0.35mol/L
Tris-HCl（1mol/L，pH 7.5）	50mL	0.1mol/L
EDTA（0.5mol/L）	5mL	5mmol/L

表 6-2　核裂解缓冲液（溶液 2）

试剂	用量（500mL）	终浓度
Tris-HCl（1mol/L，pH 7.5）	50mL	0.1mol/L
EDTA（0.5mol/L）	50mL	0.05mol/L
NaCl（5mol/L）	200mL	2mol/L
CTAB	10g	2%（m/V）

（2）溶液 3：5% N-月桂酰肌氨酸。

以上 3 种溶液配制后进行高压灭菌（121℃，15min）。使用前，在溶液 2 中加入 1%（m/V）的聚乙烯吡咯烷酮（PVP），PVP 完全溶解后，将溶液 1、2、3 按 1∶1∶0.4 的比例混合，用前将提取混合液预热到 60～65℃。

提取步骤如下。

1）加入预热的 1mL DNA 提取混合液，立即混匀，65℃恒温放置 90min。

2）冷却到室温后，加入等体积的氯仿-异戊醇（24∶1），轻轻上下颠倒 10～15min，12 000r/min 离心 15min。

3）转移上清液到 2mL 离心管中，加入预冷的 2/3 体积的异丙醇，上下颠倒 5min，冰箱冷冻层中放置 30min 加速沉淀，4℃ 12 000r/min 离心 10min。

4）轻轻倒掉上清液，室温放置 10min，使异丙醇挥发干净，加入 1000μL 75% 乙醇，4℃漂洗过夜。

5）4℃ 12 000r/min 离心 10min，弃去上清液，室温放置 10min 挥发掉乙醇，加入 50μL 的 1×TE 缓冲液，65℃助溶 10min。

3. 吸附柱法提取基因组 DNA

此方法一般为商业试剂盒，利用可专一结合核酸的离心吸附柱和洗脱液来提取基因组 DNA，具体方法请按照各品牌的说明书操作。

二、RNA 提取

1. RNA 实验注意事项

RNA 相关实验需要特别注意外源 RNA 酶污染造成的破坏，需要总是戴着手套（建议乳胶手套），防止皮肤上的细菌和真菌带来的外源 RNA 酶污染。实验中用到的缓冲液、移液器、离心管、枪头等耗材需要专用于 RNA 相关实验，离心管、枪头等耗材新开封的可以直接使用。在必要时可以用焦碳酸二乙酯（DEPC）

来灭活缓冲液和玻璃、塑料器皿中的 RNA 酶，对于枪头盒和移液器可以用商业化的 RNA 酶的蛋白质抑制剂进行表面处理。磨样用的研钵和研杵使用之前在 180℃烘箱烘 6h 以上以灭活 RNA 酶。

2. 取样及前处理

取样及磨样基本与 DNA 提取类似，但需要注意防止 RNA 酶污染。

3. RNA 提取试剂法提取菌物 RNA

RNA 提取试剂有很多商业生物公司可以提供，最常见的为 Invitrogen 的 TRIZOL 试剂以及天根生化科技（北京）有限公司的 TRNzol Universal 总 RNA 提取试剂。具体方法可以参考各自产品的使用说明书，本文根据实际操作经验对提取操作过程进行了优化。

（1）细胞或组织加入 Trizol 后，室温放置 5～10min，使其充分裂解细胞。

（2）12 000r/min 离心 10min，弃去沉淀。

（3）加入 200μL 氯仿，在涡旋振荡器上振荡混匀后室温放置 15min。

（4）4℃ 12 000r/min 离心 10～15min，对于微量样品可以延长离心时间至 30min 及以上。

（5）小心吸取上层水相，转移至另一离心管中。不要吸取中间界面层，其中含有 DNA 会造成 DNA 污染。

（6）按 1∶1 的量加入异丙醇混匀，室温放置 10min。

（7）4℃ 12 000r/min 离心 10min，弃上清液，可见 RNA 沉淀于管底。

（8）加入 1mL 75%乙醇，温和振荡离心管，悬浮沉淀。对于微量 RNA 不要振荡，避免扰动沉淀。

（9）4℃ 12 000r/min 离心 5min，尽量弃上清液。

（10）室温晾干或真空干燥 5～10min。RNA 沉淀不要过于干燥，否则很难溶解。

（11）可用 50μL H_2O 或 TE 缓冲液溶解 RNA 样品，55～60℃助溶 5～10min。

4. 吸附柱法提取菌物 RNA

此方法一般为商业试剂盒，利用可专一结合核酸的离心吸附柱和洗脱液来提取 RNA，具体方法请按照各品牌的说明书操作。

三、DNA/RNA 的琼脂糖凝胶检测

1. DNA 的琼脂糖凝胶检测

（1）琼脂糖凝胶配制，如图 6-4 所示。

按 1%的量称取琼脂糖加入定量 TAE 缓冲液（40mmol/L Tris-乙酸盐，1mmol/L EDTA）中，微波炉融化，冷却至 55℃左右，加入核酸染料轻轻旋转混匀，尽量避免产生气泡，倒入制胶模具中，冷却。凝胶厚度以 5mm 左右为宜。

图 6-4　配制琼脂糖凝胶

（2）电泳：电泳仪见图 6-5。拔掉梳子，将凝胶放入电泳槽中。在 DNA 样品中加入一定量上样缓冲液（内含电泳指示染料），将混合样品点入凝胶梳子孔中；盖上电泳槽盖，接好电源，施以 100～150V 电压进行电泳。待电泳指示染料迁移至凝胶 2/3 位置时关闭电源，取出凝胶。

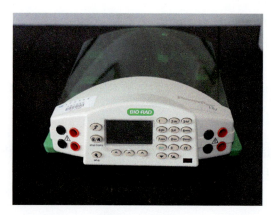

图 6-5　电泳仪

（3）成像：将电泳完成的凝胶放入凝胶成像系统中按照仪器使用说明进行成像（图6-6）。

图6-6　凝胶成像系统

（4）琼脂糖凝胶中的 DNA 回收：在紫外灯下切取要回收的目的片段，放入2mL 离心管中，待用。关于琼脂糖凝胶中的 DNA 回收有很多商业化的试剂盒，具体回收步骤请参照各品牌说明书。

2. 聚丙烯酰胺凝胶电泳

（1）玻璃板的准备：玻璃板分为大板和小板（上部凹形），见图6-7，大板的

图6-7　大板与小板

一面进行亲和硅化处理，小板的一面进行剥离硅化处理。首先将大、小玻璃板彻底用自来水清洗，然后用95%乙醇擦洗3次，再分别用亲和硅化试剂和剥离硅化试剂均匀擦涂大、小玻璃板，5min后用95%乙醇将多余的硅化试剂擦除掉，大、小玻璃板各处理2～3次，即可装板和灌胶。

（2）凝胶配制：采用5%变性聚丙烯酰胺凝胶电泳（表6-3）。

表6-3　凝胶配制配方

尿素（分析纯）	33.6g
5×TBE 缓冲液	16mL
40%丙烯酰胺凝胶贮液（丙烯酰胺/双丙烯酰胺 19∶1）	10mL
超纯水	加至 80mL

灌胶前，加入四甲基乙二胺（TEMED）60μL、10%过硫酸铵（APS）320μL，混匀，立即灌胶，灌胶时玻璃板倾斜15°。胶聚合2h以上即可进行电泳。

（3）电泳：装板前一定要使玻璃板的下表面水平。电泳缓冲液为 1×TBE（0.089mol/L Tris-硼酸，0.089mol/L 硼酸，0.002mol/L EDTA），80W 预电泳 1h，使胶板的温度达到 55℃。DNA 样品置于 95℃ 变性 5min，立即放在冰上，加 3×上样缓冲液（300mmol/L NaOH，97%甲酰胺，0.2%溴酚蓝），混匀，上样量 5～15μL，在恒功率 55W 下电泳到玻璃板 3/4 位置，即可卸板进行染色。上完样的聚丙烯酰胺凝胶电泳系统见图 6-8，电泳结果见图 6-9。

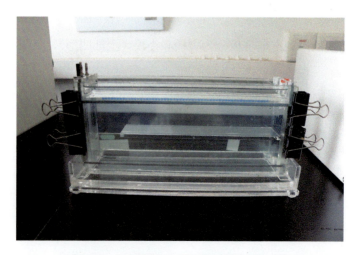

图 6-8　上完样的聚丙烯酰胺凝胶电泳系统

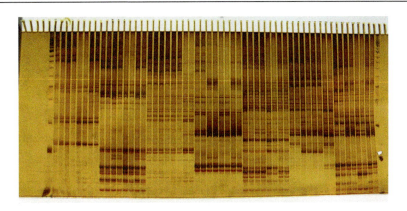

图 6-9　聚丙烯酰胺凝胶电泳结果

a. 聚丙烯酰胺凝胶 DNA 的染色检测

银染法：银染检测需要的溶液配方如表 6-4 所示。

表 6-4　银染检测溶液配方

固定/终止液	10%冰醋酸
染色液	在 2L 双蒸水中加入 2g 硝酸银，充分溶解后置于冰箱预冷至 10～12℃，使用前加入 3mL 37%甲醛
显影液	在 2L 双蒸水中加入 60g 碳酸钠，充分溶解后置于冰箱预冷至 10～12℃，使用前加入 3mL 37%甲醛和 400μL 硫代硫酸钠（10mg/mL）

银染检测步骤如下。

a）分离玻板：电泳结束后，轻轻分离两块玻璃板，将附着胶的大板置于固定/终止液中，轻摇 30min，直至指示染料消失。

b）凝胶洗涤：用纯水洗涤凝胶 3 次，每次至少 2min。

c）染色：将胶板移至染色液中，轻摇 30min。

d）凝胶显影：将染色后的胶板放入纯水中清洗 5～10s，迅速取出并竖起控水，随后把胶板放入预冷的显影液中（此过程不应超过 10s），充分轻摇至条带全部出现。

e）终止显影：在显影液中直接添加等体积的固定/终止液（第 1 步回收液），停止显影并固定影像。

f）固定后，即乙酸和碳酸钠反应完全（溶液不再有气泡产生），用纯水洗涤凝胶 2 次，每次至少 2min，凝胶板从水中取出后，竖起控水晾干备用。

g）照相、统计条带和回收变异性条带。

b. 荧光标记法

荧光标记一般利用 Cy3、Cy5、FAM 等，这些荧光标记在 PCR 过程中被标记到 DNA 产物中，电泳结束后将附着胶的玻璃板放入凝胶成像仪中，在合适的激发光下即可成像，然后照相。

3. RNA 的琼脂糖凝胶检测

（1）含有甲醛的 RNA 琼脂糖凝胶配制：取 1g 琼脂糖加入 88.2mL 纯水，在微波炉中融化，冷却至 55℃左右，加入 10×MOPS 电泳缓冲液和 1.8mL 甲醛，轻轻混匀后倒入制胶板中，冷却后取出凝胶放入 1×MOPS 电泳缓冲液中。

（2）电泳：取一定量的 RNA（不超过 20μg）加入 1μL 10×甲醛凝胶加样缓冲液（50%甘油，10mmol/L EDTA，0.25%溴酚蓝，0.25%二甲苯腈），65℃温浴 5min，放入冰中 5min。将 RNA 样品点入凝胶孔中，4～5V 电压进行电泳，待溴酚蓝迁移到凝胶 3/4 处停止电泳。

（3）成像：将电泳完成的凝胶放入凝胶成像系统中按照仪器使用说明进行成像。

四、DNA/RNA 的浓度、纯度测定

DNA/RNA 的浓度、纯度测定可以用微量分光光度计（图 6-10）来测定，取 1μL 溶解 DNA 或 RNA 的溶剂作为空白对照对仪器进行校正，取 1μL DNA 或 RNA 样品加入检测基座，放下样品臂，使用电脑上的软件进行吸光值检测并计算 DNA/RNA 的浓度和纯度。

图 6-10　微量分光光度计

第二节　聚合酶链反应

一、聚合酶链反应（PCR）原理

PCR 是一种循环的 DNA 合成反应，一般由三个步骤组成。①变性，一般温度设定为 94℃或 95℃，目的是使双链 DNA 模板解链为单链；②引物和模板 DNA 的复性结合；③引物的延伸，在 DNA 聚合酶催化下从引物链起始合成模板链的互补 DNA 序列。从第二个循环开始扩增出的 DNA 片段会以指数的形式快速增长，最终产生大量的 DNA 片段，数量足以在合适染色条件下用肉眼观察到电泳条带。

二、实验步骤及方法

1. 普通 PCR 程序设定

PCR 仪程序设定如图 6-11 所示。

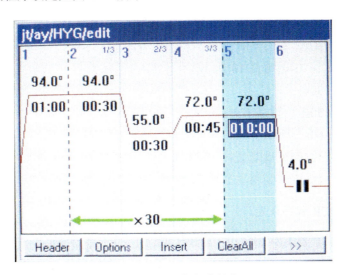

图 6-11　PCR 仪程序设定

普通 PCR 程序一般分为以下几个部分。

（1）94℃　1min（预变性，用于解链模板 DNA，增大模板分子彻底变形的概率）。

（2）94℃　30s（变性）。

（3）55℃　30s（复性，使引物与变性了的模板结合，退火温度一般以引物的 T_m 值为参考，根据实际情况进行相应调整）。

（4）72℃　60s[在 DNA 聚合酶催化下从引物链开始合成模板链的互补 DNA 序列，根据具体实验需要重复步骤（2）～（4），30～35 次]。

（5）72℃　10min（使引物延伸完全）。

2. 降落 PCR 程序设定

降落 PCR 是一个较为简易的 PCR 优化方法。其原理为：首先在较高的退火温度下扩增，此时扩增效率低，但基本没有非特异性扩增。接着在下面的循环中依次降低一点，如 1℃ 的退火温度，随着退火温度的逐步降低，非特异性扩增会慢慢增多。但此时特异性的扩增产物已经具有数量优势，因此会对非特异性扩增产物产生竞争抑制，从而可以大幅提高 PCR 的特异性和效率。

普通 PCR 程序一般分为以下几个部分。

（1）94℃　1min。

（2）94℃　30s。

（3）65℃　30s，每个循环降低 1℃。

（4）72℃　60s。

步骤（2）～（4）重复 10 次。

（5）94℃　30s。

（6）55℃　30s。

（7）72℃　60s。

步骤（2）～（4）重复 25～30 次。

（8）72℃　10min（使引物延伸完全）。

3. 梯度 PCR 程序设定

梯度 PCR 是将多个 PCR 反应放在一起做，每个反应的退火温度都不同，如在 55～65℃ 设定 12 个温度（一般由 PCR 仪自动分配各个温度的具体值），梯度 PCR 可以很快地找出最适退火温度。其反应程序与普通 PCR 程序基本相同。

4. 其他 PCR 程序设定

（1）长距离 PCR：使用普通 *Taq* DNA 聚合酶进行 PCR 扩增时，通常可扩增长度为几 kb 的 DNA 产物，对于超过 10kb 的产物则很难扩增。长距离扩增的关

键是 *Taq* DNA 聚合酶需要具有 3′→5′核酸外切酶活性。PCR 扩增过程中当有错误的碱基发生错配时，反应性能将大幅度下降，长距离 DNA 聚合酶可依靠 3′→5′核酸外切酶活性将错配的碱基切除，使延伸反应能顺利地进行，从而获得长链 DNA 扩增产物。长距离 PCR 反应程序如下。

a）94℃　1min。

b）98℃　10s。

c）68℃　15min。

步骤 b）～c）循环 30～35 次。

d）72℃　10min。

（2）巢式 PCR：是一种特殊的 PCR，使用两对 PCR 引物进行扩增。以第一对 PCR 引物扩增片段为模板，设计第二对引物（称为巢式引物）结合在第一轮 PCR 产物内部，进行第二轮 PCR 扩增，产生的产物长度短于第一轮扩增的产物长度。巢式 PCR 的好处有两点：①通过两轮 PCR 扩增可以大大提高 PCR 的敏感性；②巢式 PCR 使用两套结合位点不同的引物。因此，巢式 PCR 的扩增具有特异性。

（3）反向 PCR：利用反向 PCR 可以获得已知序列两端的未知序列，其原理为首先选择一个已知序列中没有的限制性内切酶，用其对基因组 DNA 进行酶切，然后利用连接酶将切出的含有目的片段的线性 DNA 片段环化，最后利用已知序列设计巢式引物进行扩增即可获得已知序列两端的未知序列信息了。

步骤如下。

a）利用限制性内切酶切 2～3μg 基因组 DNA。

b）进行琼脂糖凝胶电泳，确定酶切是否成功。

c）用 T4 连接酶环化酶切产物，具体的方法请参考各品牌 T4 连接酶的说明书。

d）将连接产物加入 TE 缓冲液稀释至 200μL，加入 500μL 乙醇和 20μL 3mol/L NaOAc，颠倒混匀，放入–20℃过夜或–70℃　30min，12 000r/min 离心 10min。弃掉上清液，空气中放置 10min 蒸发残留乙醇，加入 30μL TE 缓冲液溶解沉淀。

e）取 1～2μL 样品，利用设计好的巢式引物进行扩增。

三、实时定量 PCR 原理及实验步骤和方法

实时定量 PCR（图 6-12）是一种在 DNA 扩增反应中，以特异性结合 DNA 的荧光染料测定每个 PCR 循环后产物总量的方法。在 PCR 扩增的指数时期，模板的 Ct 值和该模板的起始拷贝数存在线性关系，所以成为定量的依据。

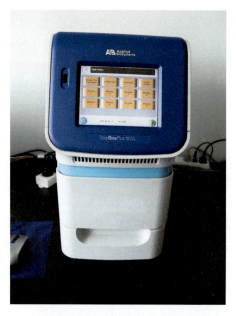

图 6-12　实时定量 PCR 仪

实时定量 PCR 程序设定如图 6-13 所示，实时定量 PCR 结果如图 6-14 所示，步骤如下。

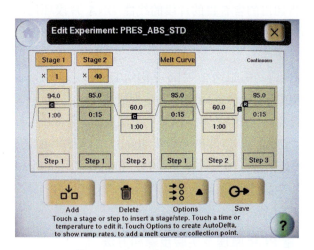

图 6-13　实时定量 PCR 程序设定

（1）94℃　1min（预变性，用于解链模板 DNA，增大模板分子彻底变形的概率）。

（2）94℃　10s（变性）。

（3）60℃ 60s（复性加合成，使引物与变性了的模板结合同时在 DNA 聚合酶催化下从引物链开始合成模板链的互补 DNA 序列）。

生成熔解曲线。

（4）95℃ 15s。

（5）60℃ 60s。

（6）95℃ 15s，在从 60℃升高到 95℃过程中每升温 0.1℃测定一次吸光值。

分析熔解曲线可以用来确定不同的反应产物，包括非特异性产物。扩增反应完成后，通过逐渐增加温度同时监测每一步的荧光信号来生成熔解曲线，每一个扩增产物的熔解曲线都有一特征峰即 T_m（DNA 双链解链 50%的温度）（图 6-15），可以将特异性产物与其他产物如非特异性扩增产物和引物二聚体（图 6-16）区分开。只有染料法才需要做熔解曲线，探针法没有必要。

图 6-14 实时定量 PCR 扩增曲线

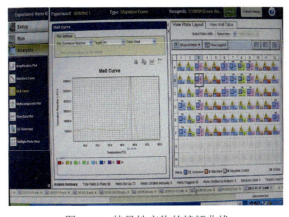

图 6-15 特异性产物的熔解曲线

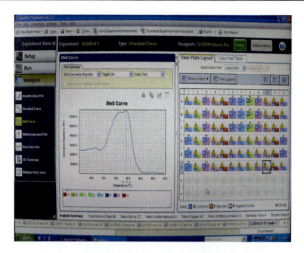

图 6-16　含有非特异性产物时的熔解曲线

第三节　基因克隆

一、基因克隆原理

常用的 DNA 聚合酶具有末端转移酶活性，会在扩增产物 3′端附加一个 A 碱基，商业化的 T 载体含有能与 A 碱基互补配对的多个 T 碱基，在 T4 DNA 连接酶的催化下，可将 DNA 聚合酶扩增的产物与 T 载体进行黏性末端的互补连接，并进行后续的转化工作。具体的操作反应体系和连接方法请参考具体商业化试剂盒说明书。

二、感受态细胞制备

1. 制备超级感受态大肠杆菌

（1）准备 Inoue 转化缓冲液。配制以下缓冲液：

$MnCl_2·4H_2O$	10.88g
$CaCl_2·2H_2O$	2.2g
KCl	18.65g
PIPES（0.5mol/L，pH 6.7）	20mL

补水至 1L，用超滤膜过滤除菌，分装冷冻保存。

（2）挑取大肠杆菌菌株 DH5α 单菌落放入 50mL 的 LB 培养基中，37℃摇菌 6～8h。

（3）晚上 6 点左右，准备 3 个 250mL 的 SOB 培养基，分别加入 5mL、2mL、1mL 前一步骤的培养大肠杆菌，18℃摇菌过夜。

（4）次日早上每 30 分钟测定一次大肠杆菌培养物的 OD 值。

（5）当其中一瓶 OD 值达到 0.55 时即可进行下面操作了，其余培养物可以丢弃。

（6）4℃ 2500r/min 离心 10min。

（7）倒掉上清液，用移液器吸干剩余液体。

（8）用在冰浴中预冷的 80mL Inoue 转化缓冲液重新溶解并重悬细菌，这一过程一定要轻柔，避免使用涡旋振荡器。

（9）4℃ 2500r/min 离心 10min，弃去上清液，用移液器吸干剩余液体。

（10）用预冷的 20mL Inoue 转化缓冲液轻柔地重悬细菌。加入 1.5mL 二甲基亚砜（DMSO）（DMSO 要用新开封的）混匀放至冰上 10min。

（11）分装到 1.5mL 离心管中，液氮冷冻后放入–80℃冰箱保存。

2. 用氯化钙制备感受态大肠杆菌

（1）挑取大肠杆菌菌株 DH5α 单菌落放入 100mL 的 LB 培养基中，37℃摇菌，等培养物长到 OD 0.4 时停止摇菌。

（2）转移培养物至 2 个 50mL 离心管中，冰浴 10min。

（3）4℃ 2500r/min 离心 10min，弃去上清液，用移液器吸干剩余液体。

（4）每管加入 30mL 预冷的 0.1mol/L $CaCl_2$-$MgCl_2$ 溶液（80mmol/L $MgCl_2$、20mmol/L $CaCl_2$），轻轻重悬细菌。

（5）4℃ 2500r/min 离心 10min，弃去上清液，用移液器吸干剩余液体。

（6）加入 2mL 预冷的 0.1mmol/L $CaCl_2$ 溶液轻轻重悬细菌，即得到感受态细胞。

三、DNA 转化宿主细胞

1. 热激法

（1）取连接后的产物（不多于 5μL）加入放了 50μL 感受态细胞的 PCR 管中，冰上放置 30min。

（2）42℃加热 45s，然后迅速拿出放在冰上 2min。

（3）加入 400mL 的 LB 培养基，37℃ 180r/min 振荡培养 45min。

（4）取 100mL 涂布于含有相应抗生素的筛选培养基平板上，即可长出含有转化 DNA 的菌落。

2. 电转化法

（1）挑取一个大肠杆菌菌株 DH5α 单菌落放入 50mL 的 LB 培养基中，37℃培养过夜。

（2）取 25mL 培养物放入 500mL 的 LB 培养基中，37℃摇菌，每隔 20min 测定一下 OD 值，当 OD 达到 0.35～0.4 时，取出培养物放至冰浴中 30min。

（3）将培养物转入预冷的 50mL 离心管中，4℃ 2500r/min 离心 10min，弃去上清液，用 500mL 预冷的 Milli-Q 级别的纯水重悬沉淀。

（4）4℃ 2500r/min 离心 10min，弃去上清液，用 250mL 预冷的 10%甘油重悬沉淀。

（5）4℃ 2500r/min 离心 10min，弃去上清液，用移液器吸净液体，用 10mL 预冷的 10%甘油重悬沉淀。

（6）4℃ 2500r/min 离心 10min，弃去上清液，用移液器吸净液体，用 1mL 预冷的 GYT 培养液[10%（V/V）甘油、0.125%（m/V）酵母提取物、0.25%（m/V）胰蛋白胨]重悬沉淀。

（7）用预冷的 GYT 培养液将前一步骤产物稀释至 1OD 左右，取 40μL 放入 0.5mL 离心管中，加入 1～2μL 待转化的 DNA，置于冰上 1min。

（8）将混合液体放入电击杯中给予一定电压进行电击（图 6-17）。

（9）取出电击产物，加入 500mL 的 LB 液体培养基中，37℃ 180r/min 培养 45min 复苏细菌。

（10）取 100mL 复苏菌液涂布于含有相应抗生素的筛选培养基平板上，即可长出含有转化 DNA 的菌落。

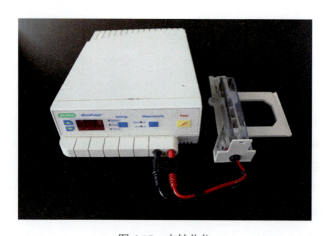

图 6-17　电转化仪

四、重组克隆的筛选和鉴定

1. 蓝白斑筛选

将含有 LB 固体培养基的平板从冰箱取出，在 37℃培养箱中放置 10min，取出后在超净工作台中加入 40μL X-Gal 和 7μL IPTG，迅速涂布均匀，放置 5min。加入 100μL 转化后的菌液涂布均匀，放置 5min，放入 37℃培养箱中倒置培养过夜。第二天早上取出平板，含有重组质粒的克隆无 β-半乳糖苷酶活性，菌落呈白色，而携带未重组质粒的克隆含有 β-半乳糖苷酶活性，菌落呈淡蓝色。

2. 挑菌落 PCR 筛选

用牙签挑取 4~6 个长出的菌落加入 PCR 管中，利用载体上的序列设计引物（一般为 M13 引物）进行扩增，结合目的片段的长度可以判断哪些克隆含有正确的重组质粒。找出正确的克隆后可以进行液体培养，再进行后续测序等。

第七章　菌物产品加工实验

食用菌产业的快速发展、食用菌产量的提高带动了食用菌深加工产品的发展，特别是由于食用菌具有"一高三低"高蛋白、低糖、低盐、低热量的特征，并含有氨基酸、蛋白质、糖类、脂类、维生素、矿物质元素等多种营养成分，其在食品深加工方面的发展更是日新月异，猴菇饼干、猴菇米稀深受国内消费者的青睐，香菇酱、香菇罐头更是远销越南和韩国，食用菌深加工食品的市场前景广阔。因此，本章主要介绍几种食用菌食品的深加工生产过程。

第一节　木耳面包的生产加工

一、仪器设备

1. 食品搅拌机

食品搅拌机是全齿轮传动结构，其工作原理是靠搅拌杯底部的刀片高速旋转，在水流的作用下把食物反复打碎。食品搅拌机可配钢丝搅蛋器、拍形搅拌器及螺旋和面器，可用于搅拌奶油、蛋糕液、馅料、打蛋及和制面团等，如图 7-1 所示。

图 7-1　食品搅拌机

2. 食品烤箱

食品烤箱又称烤箱、烘烤箱，主要采用耐高温、耐腐蚀的高质量不锈钢燃烧器，并配装有点火器、风机，进气系统通常设有双电磁阀控制，可实现上、下火数显自动控温及定时报警，同时每层配置熄火保护装置，可在任何情况下熄火或在机件出现故障时，控制系统自动切断供气，保障安全，如图7-2所示。

图7-2　食品烤箱

二、操作步骤

（1）木耳预处理，如图7-3～图7-6所示。

图7-3　将干木耳挑选除杂，清洗

图 7-4　木耳烘干

图 7-5　木耳磨粉

图 7-6　木耳粉过 100 目标准筛

（2）称料，如图 7-7～图 7-9 所示。

图 7-7　称取高筋面粉

图 7-8　称取辅料

图 7-9　称取完之后的辅料

按照配方将各种原辅料称重：称取高筋面粉；称取辅料，黄奶油 10%～15%、绵白糖 14%、木耳粉 3%～10%、鸡蛋 5%、水 40%～55%、面包改良剂 3.5%、酵母 1.5%～2%、食盐 1%。

（3）面团调制，如图 7-10～图 7-14 所示。

将所有称取的原辅料投入和面机中，搅拌，混合均匀，进行面团调制，当面团表面光滑，具有良好的弹性，延伸性适中，没有可塑性，用手向外轻轻扩拉可形成半透明薄膜状，以及具有良好抵抗性时面团调制完成。

图 7-10　将称取的原辅料投入和面机（一）

图 7-11　将称取的原辅料投入和面机（二）

图 7-12　将称取的原辅料投入和面机（三）

图 7-13　将称取的原辅料投入和面机（四）

图 7-14　将称取的原辅料投入和面机（五）

（4）搓圆，如图 7-15、图 7-16 所示。

图 7-15　搓圆（一）

图 7-16　搓圆（二）

采用手动法进行搓圆，将大面团切成每份重 60～80g 的小面块，手按住面块逆时针方向运行，并使出斜向下的力搓面块使其表面达到光滑状态，由于面团分块时面筋的网状结构遭到破坏且在面坯中有气体存在，搓圆可排出面团中多余气体，有利于酵母的生长繁殖。

（5）整形，如图 7-17、图 7-18 所示。

按产品要求将生面块进行成型处理后，将成型面坯摆成一盘。

图 7-17 整形(一)

图 7-18 整形(二)

(6)快速发酵,如图 7-19 所示。

图 7-19 快速发酵

成型后的面坯摆放于烤盘中，摆放时要均匀，间隙要适当。送入醒发箱，发酵条件为温度38～42℃，相对湿度在80%～85%，当面团体积扩大为原来的两倍左右时发酵结束，准备焙烤。

（7）焙烤，如图7-20、图7-21所示。

图7-20　焙烤（一）

图7-21　焙烤（二）

将发酵好的面坯送入烤箱焙烤，入炉时上火初温为150℃左右，下火170℃左右，最高不要超过200℃；面包烘焙时间为13～15min，当面包表面达到金黄色即可出炉。面包出炉后趁热在面包表层涂上少量植物油，起到美化和防止面包水分散失的作用。

（8）冷却与包装，如图7-22、图7-23所示。

面包刚出炉时温度较高，需冷却至室温再进行包装。马上包装会在袋内形成冷凝水，使产品发霉及影响口感。而且此时面包皮脆没有弹性、瓢心水分含量高而发黏。冷却到室温可使面包中水分得以重新分布，面包皮柔软有弹性、瓤心干爽，口感优良。

图 7-22　冷却

图 7-23　包装

第二节　木耳营养米的生产加工

一、仪器设备

1. 食品搅拌机

同本章第一节"一、仪器设备"。

2. 食品烤箱

同本章第一节"一、仪器设备"。

3. 食品挤出机

挤出机（图 7-24）的主机为挤塑机，它由挤压系统、传动系统和加热冷却装置组成。挤压系统包括螺杆、机筒、料斗、机头和模具，塑料通过挤压系统而塑化成均匀的熔体，并在这一过程中所建立的压力下，被螺杆连续地挤出机头；传动系统的作用是驱动螺杆，供给螺杆在挤出过程中所需要的力矩和转速，通常由电动机、减速器和轴承等组成；加热冷却装置用于控制挤出过程中的温度。常用挤出机的螺杆直径为 30～250mm，转速为 30～300r/min。螺杆长度通常为直径的 20～25 倍，最大为 30 倍。

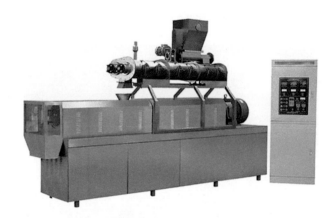

图 7-24　挤出机

二、操作步骤

（1）原料预处理，如图 7-25～图 7-27 所示。

将玉米粉过 120 目筛，备用。将木耳进行挑选除杂，用冷水浸泡 2h 清洗干净（图 7-25）。

置于 50℃烘箱内进行烘干（图 7-26）。

打粉，过 140 目筛，备用（图 7-27）。

图 7-25　冷水浸泡木耳

图 7-26　木耳烘干

图 7-27　木耳打粉，过 140 目筛，备用

（2）称料，如图 7-28 所示。

按配方称取玉米粉 3kg（100%计）、木耳粉 8%、水 28%。

图 7-28　称料

（3）拌料，如图 7-29、图 7-30 所示。

将所需原料粉置于拌粉机内搅拌均匀（图 7-29），加入总量粉 24%～28% 的水。

物料在拌粉机内搅拌均匀，使水分充分浸润物料（图 7-30）。

（4）喂料，如图 7-31 所示。

将混合均匀的物料送入挤出机中，以 30～32kg/h 的速度进行喂料。

图 7-29　拌料

图 7-30 使水分充分浸润物料

图 7-31 喂料

（5）一段、二段挤出，如图 7-32～图 7-34 所示。

图 7-32 将混合均匀的物料通过一段挤出进行糊化

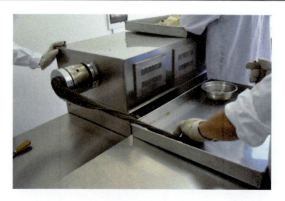

图 7-33　将糊化后的物料送入二段挤出机中

图 7-34　挤出成型生产木耳营养米

（6）冷却、干燥，如图 7-35 所示。

图 7-35　冷却、干燥

二段挤出后的木耳营养米水分含量较高，及时进行冷却、干燥可防止米粒黏粒现象产生，经过冷却预冷后及时平铺在桌面上进行自然干燥。

第三节　香菇营养米的生产加工

一、仪器设备

同本章第一节及本章第二节"一、仪器设备"。

二、操作步骤

（1）原辅料预处理，如图7-36～图7-38所示。

将香菇进行挑选除杂，用冷水浸泡2h清洗干净（图7-36）。

置于40℃烘箱内进行烘干（图7-37）。

图7-36　冷水浸泡香菇

图7-37　烘干

图 7-38　打粉，过筛，备用

打粉，过 120～140 目筛，备用（图 7-38）。玉米粉过 120～140 目筛，备用。
（2）称料，如图 7-39、图 7-40 所示。

按配方称取玉米粉 3kg（100%计）、香菇粉 10%、水 28%。

图 7-39　称取玉米粉

图 7-40　按配方称取玉米粉、香菇粉

（3）混合配料，搅拌均匀，如图 7-41、图 7-42 所示。

将所需玉米粉、香菇粉置于拌粉机内，加总量粉的 28% 的水，混合搅拌均匀。

图 7-41　混合配料

图 7-42　搅拌均匀

（4）平衡水分，如图 7-43 所示。

将充分混合的物料密封，室温下放置 30～40min，使水分分布均匀。

图 7-43　平衡水分

（5）挤压、熟化、成型，如图 7-44～图 7-47 所示。

图 7-44　将混合物料送入挤出机中

图 7-45　在一段挤出温度 140℃条件下进行挤压

图 7-46 在二段挤出温度 105℃条件下进行熟化

图 7-47 面条分散在水中成型

（6）冷却、干燥，包装成袋，如图 7-48、图 7-49 所示。

图 7-48 冷却、干燥

图 7-49　包装成袋

将成型的面条分割成长度 10～15cm，冷却至常温，干燥至水分含量低于 10%（图 7-48）。

干燥后包装成袋（图 7-49）。

第四节　香菇饼干的生产加工

一、仪器设备

同本章第一节及本章第二节"一、仪器设备"。

二、操作步骤

（1）原料预处理，如图 7-50～图 7-52 所示。

图 7-50　香菇挑选除杂，清洗干净

图 7-51　置于 40℃烘箱内烘干

图 7-52　打粉，过 80 目标准筛，备用

（2）称料，如图 7-53～图 7-55 所示。

图 7-53　称取低筋面粉

图 7-54　称取香菇粉

图 7-55　按照比例分别称取辅料

称取饼干制作过程中需要用的低筋面粉（按其重量 100%计）（图 7-53）。

称取香菇粉 20%（图 7-54）。

按照比例分别称取绵白糖 40%，起酥油 40%，鸡蛋 5%，单甘酯 0.5%，小苏打 0.5%，食盐 0.5%（图 7-55）。

（3）面团调制，如图 7-56、图 7-57 所示。

先将除低筋小麦粉、香菇粉之外的所有原料加适量水，调成乳浊液。

然后加入低筋小麦粉、香菇粉，调制均匀。

（4）和好面团，辊轧成型，如图 7-58、图 7-59 所示。

将面团和好，面团要求无弹性、可塑性良好，不粘手，表面光滑。

按 90°方向辊轧成 2～3mm 薄厚的面片，使表面平坦、无褶皱、组织细致无特大空隙，然后进行成型，得到所需花型饼坯。

图 7-56　面团调制

图 7-57　加入低筋小麦粉、香菇粉，调制均匀

图 7-58　和好面团

图 7-59　辊轧成型

（5）摆盘，如图 7-60 所示。

把已经成型的香菇饼干饼坯摆放在烤盘当中，香菇饼干饼坯之间要保持合适的距离，若摆放过于紧密或者稀松都会影响饼坯的焙烤均匀度。

图 7-60　摆盘

（6）焙烤，如图 7-61 所示。

图 7-61　焙烤

将装有香菇饼干饼坯的烤盘送入烤炉内，将烤炉的上火温度调整为 170～180℃，下火温度调整为 190～200℃，烤制 6～10min 后，上火维持在 180℃不变，将下火升至 220℃，持续 5～8min，上火温度升至 200℃，下火不变，直至饼干完全上色，表面呈现浅黄色。

（7）冷却，包装，如图 7-62、图 7-63 所示。

从烤炉拿出的焙烤后的饼干温度很高，酥性很强，容易发生变形，所以需要进行冷却处理，目的是保证产品具有完整的形态不变形且冷却后的饼干口感酥脆，入口感觉较好。冷却至室温后即可包装。

图 7-62　冷却

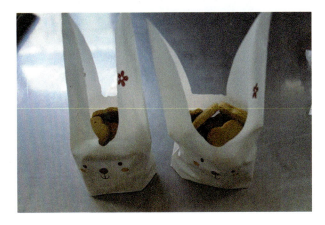

图 7-63　包装

第五节　银耳冰淇淋的生产加工

一、仪器设备

冰淇淋凝冻机（图 7-64）也叫做冰淇淋机，是专门用于生产冷冻甜品的自动化设备，按照用途来划分，冰淇淋机可以分为工厂流水线使用的大规模凝冻机、餐饮业使用的商用冰淇淋机和家用冰淇淋机。按冰淇淋成品所需要的形态类别来划分，冰淇淋机主要分为软质冰淇淋机和硬质冰淇淋机。按照机器造型分为立式软冰淇淋机和台式软冰淇淋机；按照出料口的数量分为单头、双头、三头或者多头冰淇淋机，市场上多数冰淇淋机为三头冰淇淋机，即三色冰淇淋机。

图 7-64　冰淇淋凝冻机

二、操作步骤

（1）银耳预处理，如图 7-65～图 7-67 所示。

图 7-65　将干银耳浸泡清洗，去蒂

图 7-66　烘干

图 7-67　磨粉，过 100 目筛网，备用

（2）称料。

按配方要求准确称取各种物料。配方如下：银耳粉 5%、奶粉 10%、绵白糖 8%、羧甲基纤维素钠 0.5%、单甘酯 0.5%、糊精 5%、明胶 0.5%。

（3）调配，如图 7-68 所示。

各原料加适量水溶解。先将绵白糖、羧甲基纤维素钠、单甘酯干粉充分混合后再加适量水溶解，搅拌均匀，避免出现大颗粒或胶团，将溶解后的物料进行混合调配。

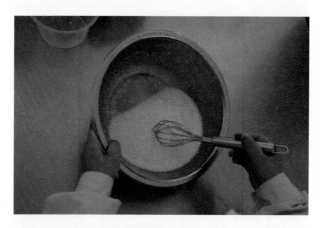

图 7-68　调配

（4）杀菌，如图 7-69 所示。

85～90℃维持 10～15min，边加热边搅拌，对调配后的混合料进行杀菌。

图 7-69　杀菌

（5）过滤，如图7-70、图7-71所示。

将杀菌后的物料过滤，使其可全部通过100目孔径筛，得滤液备用。

图7-70　过滤

图7-71　滤液

（6）定容，如图7-72所示。

将滤液用洁净饮用水定容到所需体积。

（7）冷却，如图7-73所示。

将杀菌、定容后的物料冷却至室温。

（8）老化，如图7-74所示。

将冷却至室温的混合料在2～4℃条件下老化8～10h。

图 7-72　定容

图 7-73　冷却

图 7-74　老化

（9）凝冻，如图 7-75～图 7-78 所示。

图 7-75 将老化成熟的混合料加入冰淇淋凝冻机料斗中

图 7-76 开动制冷及搅拌进行凝冻

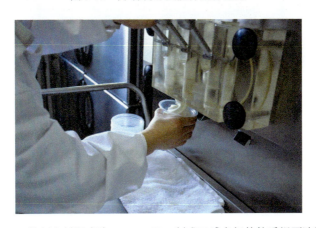

图 7-77 控制出料温度为-11～-7℃，制成口感良好的软质银耳冰淇淋

图 7-78　摆盘

（10）硬化，如图 7-79 所示。

将凝冻后的软质冰淇淋放入冰柜中−20℃硬化处理得到硬质银耳冰淇淋。

图 7-79　硬化

参 考 文 献

阿历索保罗 C J, 明斯 C W, 布莱克韦尔 M. 2002. 菌物学概论. 4 版. 姚一建, 李玉, 译. 北京: 中国农业出版社.

白秀峰.发酵工艺学. 2003. 北京：中国医药科技出版社

戴玉成, 庄剑云. 2010. 中国菌物已知种数. 菌物学报, 29(5): 625-628.

董海洲. 2021. 焙烤工艺学. 2 版. 北京: 中国农业出版社.

李玉, 李泰辉, 杨祝良, 等. 2015. 中国大型菌物资源图鉴. 郑州: 中原农民出版社.

李玉, 刘淑艳. 2015. 菌物学. 北京: 科学出版社.

李玉, 张劲松. 2020. 中国食用菌加工. 郑州: 中原农民出版社.

李玉. 2013. 菌物资源学. 北京: 中国农业出版社.

刘朴, 李玉. 2020. 菌物学实验指导. 上海: 同济大学出版社.

刘婷婷, 戴龙, 王庆庆, 等. 2014. 香菇柄纤维挤出低聚化作用及工艺优化. 食品科学, 35(16): 11-17.

刘婷婷, 王大为. 2022. 焙烤食品工艺学. 北京: 中国农业出版社.

图力古尔. 2018. 蕈菌分类学. 北京: 科学出版社,

王大为, 张艳荣, 郑鸿雁. 2002. 冷饮食品工艺学. 长春: 吉林科学技术出版社.

张艳荣, 郭中, 刘通, 等. 2017. 微细化处理对食用菌五谷面条蒸煮及质构特性的影响. 食品科学, 38(11): 110-115.

Blackwell M. 2011. The fungi: 1, 2, 3…5.1 million species. American Journal of Botany, 98: 426-438.

Hawksworth DL. 1991. The fungal dimension of biodiversity: magnitude, significance, and conservation. Mycological Research, 95: 641-655.

Kirk PM, Cannon PF, Minter DW, et al. 2008. Dictionary of the Fungi. 10th ed. Wallingford: CAB International

Manley D. 2006. 饼干加工工艺. 3 版. 金茂国, 黄卫宁, 译. 北京: 中国轻工业出版社.

Michael RG, Joseph S. 2017. 分子克隆实验指南. 4 版. 贺福初, 译. 北京: 科学出版社.

Tel-Zur N, Abbo S, Myslabodski D, Mizrahi Y. 1999. Modified CTAB procedure for DNA isolation from epiphytic cacti of the genera *Hylocereus* and *Selenicereus* (Cactaceae). Plant Molecular Biology Reporter, 17: 249-254.